U0173210

狂潮席卷

伟大的建筑及室内设计风格

Grand Style

XINAN STUDIO 编著

上海科学技术文献出版社

Shanghai Scientific and Technological Literature Press

800—1250

伟大帝国的余晖：
罗马风格

源起及传承

罗马风格建筑盛行的时间大约是从公元 800 年到 1250 年，即从 9 世纪到 13 世纪，经历了 400 多年。在整个欧洲建筑史中，罗马风格可以说是承上启下的，它继承了古希腊、古罗马建筑的丰厚遗产，又开创和启迪了后来的欧洲建筑，尤其是哥特建筑。罗马风格属于欧洲中世纪艺术（Medieval Art）的第一个阶段，几乎席卷了整个欧洲。

直到今天，欧洲各地还散落着数以万计、具有罗马风格的建筑艺术明珠。罗马风格是依照古罗马帝国时期的建筑语言营造的建筑风格，这种对古罗马建筑结构和形象的模仿和创新（尤其是筒形拱顶结构），在欧洲（尤其是西欧）十分普遍。由于战争的威胁，当时的建筑普遍具有

要塞的特点，外观坚固。但相对后来的哥特等风格建筑，罗马风格建筑比较缺少装饰，厚墙小窗使得内部光线不足。

建筑语言的影子

罗马风格建筑中的砌墙和柱式语言符号系统可以追溯到两河流域的美索不达米亚文明。因为古希腊柱式起源于两河流域文明的柱式和古埃及的柱式。公元前 4 世纪以后，柱式语言符号便在古希腊建筑中被广泛使用，并传播到了古罗马时代，成为西方文明的一个凸显标记。而罗马风格建筑的柱式则是古希腊柱式的直接继承和发展。早期基督教时代的巴西利卡教堂，有列柱支撑着拱券（或额枋）的形式，而这种形式无疑传承自古希腊时期。

建筑外景（对页图）
葡萄牙托罗的市立圣玛利亚教会学院，始建于 1160 年。

建筑外景（右图）
法国阿尔萨斯奥特马塞姆的女修道院教堂，建于 11 世纪下半叶。

而罗马风格建筑的拱顶是从古老的中东地区传入的。原先的筒形拱很笨重，需要庞大的墙体和扶壁来支撑，后来罗马风格教堂普遍采用了拱顶。经过计算，先把拱肋制成伞骨状，再固定为拱棱，或叫交叉拱，然后在各棱之间加围护材料。

罗马风格建筑中的双塔形式以及它后来的丰富变化，其源头可以一直追溯到约公元前 3000 年的小亚细亚和地中海地区。

前提及分布地域

罗马风格建筑使用了新工艺和新建材。9 世纪以后，西欧的封建制度迅速发展，城市普遍开始崛起，城市自由手工工匠掌握了比古罗马奴

建筑外景（左图）
德国明登的圣彼得和果戈钮斯大教堂，建于 10 世纪早期。

建筑外景（对页图）
意大利托斯卡纳的圣安提莫修道院，建于 12 世纪早期。

隶更为娴熟和精湛的技艺，其中包括施工技术。这是罗马风格建筑崛起的大前提之一。

罗马风格建筑分布的地域大致也是古罗马帝国统治的地域，当然也是后来基督教传播的广大路线和空间，主要包括意大利、德国、法国、西班牙、葡萄牙、英国和斯堪的纳维亚半岛各国以及中欧各国。当年帝国修筑的发达道路网对后来罗马风格建筑的传播和形成起到了重要的推动作用。因为道路便于信徒朝圣，朝圣自然又促进了罗马风格宗教建筑的兴起。在整个人类文明之旅中，宗教感情和信仰对推动建筑艺术的发展是非常重要的。也可以说，一切宗教都是建筑艺术的宗教，把握、理解罗马风格建筑应该从这一点切入。

建筑外景
西班牙弗罗米斯塔的圣马丁教堂，建于 11 世纪。

1140—1550

无限接近上帝：
哥特风格

"野蛮"的艺术

哥特风格是一种兴盛于欧洲中世纪中晚期的建筑风格。哥特风格建筑由罗马风格建筑发展而来，为文艺复兴风格建筑所继承。哥特建筑延续了400年左右的时间，即从1140年至1550年，但在被文艺复兴风格继承之后，它还"余音绕梁"了相当长时间，因此它同罗马风格建筑以及文艺复兴风格建筑都有交接，它的成长和发展是漫长且复杂的，或者说，哥特风格建筑具有极大的包容性。

最早用"哥特"一词来形容建筑和艺术风格的人，是文艺复兴时期的意大利建筑师和艺术家乔治·瓦萨里（Giorgio Vasari，1511—1574），他将中世纪晚期在法国出现的、不久又在德国盛行的这种脱离了希腊和罗马艺术框架而恣意发展的怪模怪样的建筑贬称为"哥特式"（哥特，原指公元5世纪前后侵入罗马的北方日耳曼人的一支，意大利人称之为"蛮人"，故而这个词有"野蛮"的意思），意指是没有文明积淀和文化品位的人创造的，是"野蛮的形式"，一时间，"哥特艺术"成了"蛮族艺术"的代名词。而在哥特风格盛行的那个年代，哥特建筑普遍被称作"法国式"（Opus Francigenum）。

建筑外景
法国北部皮卡迪地区拉昂的拉昂大教堂，始建于1160年。

建筑外景
法国北部博韦的博韦大教堂，
始建于 1225 年。

哥特风格的发端

在哥特风格建筑史上，有个人以及与他相关的一座大教堂是必须要提及的，这就是法国巴黎附近的本笃会修道院的院长苏格（Suger，约1081—1151）和圣丹尼大教堂。1122年，苏格开始担任圣丹尼修道院院长，他注重对教堂进行改革，尤其注重提升其道德标准，修改祈祷方式。他主张侍奉上帝的艺术，所有的一切（建筑的形与色、光、彩色玻璃、绘画……）都要为宗教感情和信仰服务。也就是说，宗教建筑的每个构件（屋顶、大门和窗……）都应该负有这种神圣的使命：去打动人的感官知觉，首先是视觉，然后是听觉，最典型的改变就是原来唱诗班所在的地方不再是黑暗的，而应该被光所笼罩，以象征上帝的照临。

因此，有的法国中世纪建筑史家便用"苏格的艺术"（L'art de Suger）这样的说法来表达早期哥特风格建筑艺术的兴起。1140年圣丹尼大教堂奠基重建，有学者把这看成是哥特风格建筑的发端，因为苏格

的重建计划包含了他关于教堂建筑的新理念，而承载这些宗教美学梦想的圣丹尼大教堂正是日后被称作"哥特"建筑风格的雏形。1144年，在庆祝圣丹尼大教堂重修完成的典礼上，各地的主教们吃惊地发现这种新式建筑有着不可抵挡的魅力。其后二十多年，各地便先后冒出了大大小小、众多的哥特风格教堂，这种风格一发不可收地蔓延到了世俗建筑，如王宫、城堡和民居等，但真正使哥特风格不朽的还是至今仍保存完好的、大多还在使用的、遍布欧洲各地的哥特教堂。

不断向上顶

作为一种建筑艺术，哥特风格建筑有其独特的建筑要素。首先是穹窿，也叫穹顶或拱顶。哥特风格建筑的穹窿有六分交叉肋骨穹窿、四分

建筑外景（对页图）
英格兰威尔特郡的索尔兹伯里大教堂，建于1220—1320年。

建筑外景（右图）
法国巴黎西南沙特尔的沙特尔大教堂，主体结构完成于1250年。

交叉肋骨穹窿和星形穹顶等。古罗马人由于掌握了混凝土技术，创制了大型半球穹窿，后成为拜占廷风格的主要特征；古伊斯兰建筑也偏爱使用穹窿这个符号。哥特大教堂的穹窿就是在这样多方面的影响下发展出了新的技术和样式。它是一个综合体，包含有穹壳、支撑穹窿的柱顶、供穹窿用的空心砖、穹窿开间、穹窿的拱脚横带、拱墩……它们组合在一起，构成了哥特建筑独有、变幻无穷的几何曲线。

　　哥特风格建筑的屋顶同其内部的拱或穹窿有着密切的关系，其中较独特的是烟囱这个部件，它是哥特屋顶的一个自然成员，尤其在表现民用建筑的整体结构美中具有重要的作用。

　　哥特风格建筑的哥特柱又叫束柱、簇柱、组合柱、集柱。从字面上可以想象，它仿佛是把五六根（甚至更多）细柱绑成一束，在顶部呈伞

建筑外景

英国伦敦的威斯敏斯特教堂（又称西敏寺），建于 1045—1517 年。

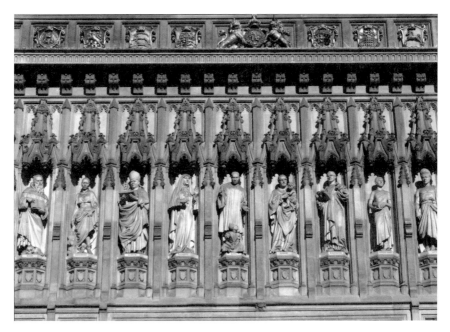

建筑外景
威斯敏斯特教堂立面局部。

状撑开，承托起高大沉重的穹窿。它们给人以强有力的视觉印象。而哥特塔楼的主题变奏很丰富，有钟塔、钟楼、防御性塔楼、八角形屋顶光塔和爱尔兰圆塔。其造型也多样，针尖塔最为引人注目，它从女儿墙后面凌空而起，给人豪迈、意气风发之感。

细节，丰富的细节

哥特风格建筑的券和连券廊是指横跨于开口之上的结构，券顶或券头通常为曲线，故连券廊也称拱廊，它们由柱子支撑，优美动人。而门道是哥特建筑的焦点所在，并构成了建筑外观最凸显的部分，处在立面的中心位置。哥特大教堂的中央大门（或称门道、门洞）所雕刻的故事，

建筑外景（左图）
意大利伦巴第地区的
米兰大教堂，建于
1386—1858 年。

建筑外景（对页图）
匈牙利首都布达佩斯
的马加什教堂，始建
于 14 世纪下半叶。

情节富有戏剧性，教堂正门雕塑除人物和动物外，常用玫瑰、草莓、橡树和枫叶等为雕饰，精美绝伦。

哥特风格的窗，其几何造形最为丰富，而且兼具功能性和装饰性。细长的窗户被称作"柳叶窗"，圆形的则称"玫瑰窗"。玻璃窗最早于公元 65 年由罗马人发明，但直到哥特时期才有较广泛的使用，玫瑰窗和轮辐窗的创制，是受花瓣和车轮轮辐的启发而获得的灵感。彩色玻璃窗最多用的颜色为蓝色、宝石红色、紫罗兰色和艳绿色，所构成的图案有独特的神秘感，令人敬畏。

科学与几何的优雅

飞扶壁是哥特风格建筑中最富科学性的部分，也是最体现哥特风格建筑师功力的地方。它负责将教堂本身的重量，尤其是穹窿的重量转移

到外部的地基上，墙体不再独自承重，如此，便"解放"了墙体，可以令其嵌饰许多高大的侧窗，令教堂内部获得自然光线。

哥特风格建筑的墙体中最具有个性的是哥特城堡的墙体，它是哥特城堡之所以坚固、安全的主要原因。墙体多用坚硬的花岗岩或蛮石砌筑，建筑师追求其抗击打和易进攻性更甚于考虑其美学意义上的含量。而对于哥特教堂来说，墙体的承重功能主要由飞扶壁"接手"后，更多地发挥了透光和装饰的作用，令教堂内部呈现出光影斑驳、圣光临照的效果。

早在古罗马建筑中，拱便是一个关键要素，其原理是在两排平行的墙上，沿着向上方向砌筑的每块石头或砖，其形状和位置逐渐向内相互倾斜，最终交汇于一块中央的券心石。而在哥特风格建筑中，拱的样貌繁多，是主要的审美对象之一，尤其是它的几何曲线美，堪称建筑结构美学的最高境界。

建筑外景
英国剑桥郡的彼得
伯勒大教堂，建于
1118—1237 年。

建筑外景
法国瓦兹省的圣热梅－德弗利修道院，改建始于12世纪。

由圆变尖、由厚变薄

哥特风格建筑同罗马风格建筑的区别主要通过建筑的构件得以体现。哥特风格用尖拱代替了罗马风格的圆拱，所以尖拱又叫哥特式拱，尖顶拱建筑即哥特建筑。从视觉效果来看，也正是尖拱才使"哥特"成为"哥特"，而且它的主要功能是更受力，解决了结构力学的平衡问题。没有它，哥特建筑新体系便是不可能出现的。

哥特用飞扶壁体系（或飞扶壁支架、支墩）代替了罗马风的厚重墙。飞扶壁体系是哥特建筑平衡体系，又叫扶拱垛。其作用在于承受来自大殿穹顶的巨大推力，借此大大提高穹顶的高度。没有高度，哥特建筑之神圣性、崇高性和庄严性便无从而来。后来，飞扶壁体系渐渐由一个拱发展为双层扶拱垛，或用一种小连拱廊的横向支撑将两个拱联成一体。由于飞扶壁的出现，哥特建筑轻而薄的外墙代替了罗马风的厚重笨墙，窗子卸去了荷载而得以自由地舒展开来，于是才能有哥特式的大窗及其丰富、精致的主题变奏，阳光也得以更畅快地进入，空间感也随之扩大。

哥特建筑语言系统创造了统一的空间，以代替罗马风的各自为政、互不关联的松散空间单位。这使得建筑成为一首宏伟的建筑空间交响诗，体现了中世纪秩序井然的宇宙观。哥特建筑整体高耸削瘦，以卓越的建筑技艺表现了神秘、哀婉、崇高的强烈情感，对后世其他艺术均有重大影响。它最大的特点是窄高的空间比例，意在造成向上的空间感。同时，向上的感觉还被束柱和尖拱渲染，表达了人们对天国和上帝的向往。

建筑外景
德国巴登－符腾堡州乌尔姆的乌尔姆大教堂，建于1337—1492年。

1350—1800

来自乡村的报告：
英伦乡土风格

地理决定样式

英国乡土主义风格建筑的无穷魅力，部分来自于英国各地建筑材料的复杂类型。在英格兰的南部和东部、米德兰（英格兰中部地区）的西部、威尔士的东半部分以及约克郡和兰卡郡的低地地区，早期房屋都是木结构的。人们把大量的精力花在装饰上，形成了不同地区间的明显差别。自18世纪起，砖开始取代木材，地方性装饰的差别转移到了砖的砌法和烟囱的形式上。

英格兰高地地区（主要是西部和北部）以及威尔士和苏格兰的大部分地区拥有大量的石材，它们非常坚硬，雕凿困难，装饰局限于房屋最突出的部分，如门和窗。在英格兰东部，灰泥是一种独特的装饰形式——

带有图案的灰泥覆盖在木结构房屋上。通常是有规律、重复的几何形状，但偶尔也会有华丽的图案，有些甚至是人物画、描绘战争和战利品的图画或奇特的图案覆盖整个墙面，上面涂上引人注目的鲜艳色彩。另一种墙面采用不同材料的组合来装饰，如英格兰南部和东部，燧石（不规则的块状矽石）与砖混用是当地的传统，大小鹅卵石与砖混用也可以见到。人工从来都是昂贵的，在拥有丰富的高质量石材的地区，石匠在乡土建筑上发挥技艺的机会也多些，虽然受限于高昂的费用，我们仍然可以看到留存至今的一些石雕作品。

难以追溯的起源

乡土风格在北部一直延续到了 19 世纪初，然而工业革命大大降低了材料运输的难度和成本，这给乡土风格画上了句号。19 世纪中叶曾有一次乡土风格的复兴，但在当时只被看作一件新鲜时髦的外衣。乡土建筑延续几个世纪的活力证明它是无法模仿的，这也许正是真正的田间小屋和村舍至今仍在人们心中保留美好印象的原因。

英国乡土风格建筑包含许多不同的风格，从中世纪晚期到工业革命——即大约 1350 年至 1800 年之间建造的数千幢房屋，反映了不同地区文化与物质环境上的差别。1066 年的诺曼征服奠定了和平与稳定的基石，使大量农民和商人可以负担得起一所永久的住房，而在此之前，普通的房屋往往在一代人之后就不复存在。那时，手工业分工更加细致——分为石匠、木匠、砌砖匠、灰泥匠、制砖瓦的人、上釉工人等。建材来源于当地的材料，工匠们发展了自己的建造技术，从而为不同的乡土风

建筑外景（对页图）
英格兰乡村平静甜美的风光。

格奠定了基础。一种流行的风格一旦成形，就会延续至少几代，因此乡土风格建筑总是很难追溯其建造年代。居住者不断给住房增加新元素，也使得这种追溯更加困难。

设计中的经济学

乡土建筑语言可以反映整个国家某个时期富人住宅中流行的风格，对于普通的住宅，从远方获得建材的费用太高，因而会以当地材料取而代之，虽然这会为设计带来限制。有时在乡村认为的高级设计，对于大城市的上层社会来说就已经过时了。这似乎是全世界的普遍现象，都市担当着流行风向标的作用，乡村风格流行时，其许多元素也被都市建筑

室内场景（左图）
开放式的壁炉，营造出古老而质朴的氛围。

室内场景（对页图）
宽敞的厨房内，简朴而式样繁多的烹调用具，保留了数百年前的生活方式。

所吸收，只是都市更改了流行，乡村却未能跟上。

乡村与乡村之间，地区性的差异并不仅是由各地建材的不同造成的，也是由财富的分配不均决定的。英格兰南部和东部相对富足，这些地区产生了早期的乡土风格的建筑，而在一些看上去较贫穷的地区，如果没有贪婪的地主的剥削，当地农民也可以盖起良好、体面的房屋。社会与政治情况使肯特郡农民的状况比其他地方都要好，早在中世纪结束以前，他们就已拥有了足以自豪的财富，数以千计的中世纪木结构房屋至今仍然保留着，其中许多有相当大的规模。形成鲜明对照的是，在德文郡，地主独霸财富，贫穷农民的房屋就非常普通。在英格兰北部潘宁斯的一些地区，农民可以通过新兴的家庭手工纺织业赚钱，所以在中世纪末期就开始用石料建造永久性的房屋了。

室内场景
在乡村住宅中，生活总是
以光线为中心的。

1400—1800
史无前例的拐角：
文艺复兴风格

建筑史上的"文艺复兴三杰"

文艺复兴，可说是西方美学史上最重大的历史事件之一，作为一场文化运动，它对于欧洲乃至全世界的影响都是史无前例的。人类历史上所发生的具有划时代意义的事件通常无法划定确切的时间点，文艺复兴也不例外。对这场文化运动也不能以某件史实为标杆来指称其发生发展的开端，大体上采用 16 世纪意大利艺术史家乔治·瓦萨里在概括 14 世纪至 16 世纪意大利所发生的这一系列文化活动时所用的"再生"（意大利文 Rinascenza）一词（经法语改写为 Renaissance，后成为通用的词汇，中文翻译称之为"文艺复兴"）来表述这场文化运动。

所谓"复兴"，指的是这一系列文化活动的主要特点在于复兴被湮

建筑外景
意大利罗马的文书院宫，
由教廷官员雷里欧设计，
建于1489—1513年，是罗
马第一座全部采用文艺复
兴风格建造的宫殿。

没的古希腊、古罗马的文化遗产，提倡人文主义，反对经院哲学和禁欲主义，揭露封建贵族、教会和神职人员的愚昧和腐朽，颂扬理性和个性自由。它囊括了对古典文献的重新学习、在绘画方面对直线透视法的探索，以及逐步广泛开展的教育变革，这种知识上的转变让文艺复兴起到了衔接中世纪和近代的作用，在文化、社会和政治各个方面都引发了革命，其影响遍及文学、哲学、艺术、政治、科学、宗教等知识探索的各个方面，在此仅仅讨论文艺复兴在建筑方面的贡献，时间跨度大约是从15世纪至19世纪的400年左右。

文艺复兴风格建筑，主要提倡复兴古罗马时期的建筑形式，特别是古典柱式语言在建筑中的应用，包括其比例和型制等，另外半圆形

建筑外景
位于意大利马尔凯地区乌尔比诺一座山上的都卡莱宫（亦称公爵宫），是该地区最著名的文艺复兴时期历史文化遗迹，始建于1465年。主设计师是出生于克罗地亚的卢恰诺·劳拉纳。

建筑外景
西班牙格拉纳达的格拉纳达大教堂，由迭戈·希洛艾设计，建于1529—1589年。原本准备建造一座哥特式大教堂，但在建造过程中改成了文艺复兴风格。

拱券和以穹隆为中心的建筑形体等也得到了富有革新精神的仿效，建筑物一改哥特风格尖顶高耸和内在暗沉的样貌，显得庄严、明亮而和谐。而在一众文艺复兴建筑设计师中，尤以菲利普·布鲁内莱斯基（Filippo Brunelleschi，1377—1446）、莱昂·巴蒂斯塔·阿尔伯蒂（Leon Battista Alberti，1404—1472）以及多纳托·布拉曼特（Donato Bramante，1444—1514）最为著名。

破鸡蛋与大穹顶

生于佛罗伦萨的布鲁内莱斯基自小热爱艺术，曾当过金匠，精通数学知识。他在广泛研究希腊、罗马美术文物和遗迹的基础上，借鉴古代建筑物的方法和形式，以设计建造创新的世俗建筑物闻名。他最出色的

建筑外景
圣母百花大教堂主楼。

手法在于运用透视法，注重建筑物各部分之间和谐的比例配合和细部处理。其代表作为佛罗伦萨圣母百花大教堂的圆顶，该圆顶没有采用当时流行的圆拱木架，而是采用新颖的"鱼刺式"建造方式，从下往上逐次收分砌成，它落在一个八角形的墙上，造型朴素，是佛罗伦萨最具标志性的建筑物。在教堂圆顶建造方案的征集期，有人嘲笑布鲁内莱斯基过于谨慎，不愿透露设计方案。为此，布鲁内莱斯基向嘲笑者提出了一个问题：如何在没有任何帮助的情况下，让一个鸡蛋静止站立？当嘲笑者一筹莫展之时，布鲁内莱斯基轻轻敲破鸡蛋，将其安稳地放置于桌面。在场者一片哗然，感觉上当的嘲笑者大叫："这我也会。" 布鲁内莱斯基轻蔑一笑："没错，如果我公布设计方案，你也会这么说。"随即拂袖而去。

布鲁内莱斯基的另一代表作是育婴堂，沿着正方形院落周围安排建筑，以圆柱敞廊三角拱顶等设计，表现了柱廊构思的独创性，它长长的

建筑外景
意大利佛罗伦萨的育婴堂，由布鲁内莱斯基设计，建于 1419—1445 年。整个建筑物高贵而素净，其柱式和柱头让人自然联想起优美的古典风格。

柱廊在佛罗伦萨拥挤、弯曲的街道上显得非常独特，其 8 米高的拱券更是让人一见难忘。建筑物没有使用大理石镶嵌作为装饰，整体高贵而素净。佛罗伦萨圣神大殿也是布鲁内莱斯基的代表作，这座教堂外观庄严而简洁，侧墙朴实无华，立面毫无雕饰，有一种恬静的匀称感。布鲁内莱斯基的主要作品多在佛罗伦萨，反映了文艺复兴早期宗教和世俗建筑物的特征，被誉为建筑新思潮的首创者。

建筑外景
布鲁内莱斯基设计的佛罗伦萨圣神大殿是意大利佛罗伦萨的主要教堂之一，在阿诺河南岸的奥特拉诺区，建于 1446—1482 年。

塑像

阿尔伯蒂全身像，塑像表现了阿尔伯蒂手拿图纸和规尺，运筹帷幄的样子。

完美比例与各式柱头

　　阿尔伯蒂生于热那亚一银行家家庭，是波伦亚大学法学院博士，曾在教皇档案馆工作，对音乐、美术和诗歌等有着广泛的兴趣。后热衷于绘画、雕塑和建筑等视觉艺术，先后出版了《论绘画》《论雕塑》和《论建筑》等著作，而 1485 年出版的《论建筑》一书，真正将文艺复兴风格建筑的营造上升到了理论高度。阿尔伯蒂在书里提出，应该根据欧几里德的数学原理，在圆形、方形等基本集合体制上进行合乎比例的重新组合，以找到建筑中的黄金分割。同时，阿尔伯蒂强调一座完美的建筑物中，各个不同的部件必须与建筑整体保持一种精确的均衡关系，就如同人体的完美比例。这一思想是文艺复兴风格建筑的一个设计基础，并使得文艺复兴风格建筑与哥特风格建筑有了明显的区别。

　　阿尔伯蒂的仿古建筑设计手法严谨纯正，在设计建造著名的鲁切拉府邸（Palazzo Rucellai）时使用了各种柱式，而这些柱子都有经过精心推敲的比例。阿尔伯蒂曾在他的文章中对古典柱式做出新的诠释，他是第一位试图区分各类柱式并总结各种柱式特征的建筑师。鲁切拉府邸顶部有阿尔伯蒂独创的深出檐，深出檐遮住了屋顶，使得建筑外观保持完整的方形。

　　由阿尔伯蒂担任主设计师的新圣母大殿，是从最初的托斯卡纳哥特式改为文艺复兴风格的，其三座大门的上方为半圆拱，而正立面下部的其余部分为盲拱，由壁柱分开，墙面装饰贵族坟墓中使用的绿白条纹，体现出一种建筑流派的特征，对当时意大利和其他欧洲国家的建筑均有重大影响。

建筑外景
意大利佛罗伦萨的新圣母大殿，建于 1456—1470 年。

肖像画
踌躇满志的布拉曼特。

透视法与辉煌的大教堂

布拉曼特生于乌尔比诺，早年学习绘画，后成为建筑师。1499年到罗马，参加过众多教堂和教廷宫苑的设计和建造。他是将古典精神推向极致的人，晚年担任文艺复兴时期规模最宏大的建筑作品——圣彼得大教堂的总设计师，这座教堂的修建历史超过了一个世纪，其布局和完美的构思正是由他所奠定的，成为后世别墅与城市建筑群模仿的典范。

布拉曼特的另一个代表作是位于意大利米兰的圣萨特圣玛利亚教堂，该教堂最出色的建制在于由布拉曼特设计的圣器收藏室，它是建筑艺术史上最初拥有透视效果的空间实例，这种手法也因此被命名为"布拉曼特透视法"。

坦比哀多礼拜堂也称蒙托里圣伯多禄堂，位于罗马的蒙特里欧，它

是当时唯一一座以多利克柱式作为基座的圆形教堂，石柱之间相距四个直径，距离墙面两个直径。和谐的比例与圆形、半球的样式，表现了圣彼得的完美与中心地位，在高大穹顶的统帅下，整个建筑显得简单明朗又和谐，被公认为盛期文艺复兴建筑风格的最早代表。布拉曼特正是通过此教堂的成功设计而成为新教皇尤里乌斯二世的首席建筑师，承担了梵蒂冈宫和圣彼得大教堂的建设任务。

大理石和资本的力量

文艺复兴建筑得以从个别建筑师的创新举措中成长壮大，除了他们

建筑外景（对页图）
布拉曼特设计的坦比哀多礼拜堂，建于1500年。

建筑外景（右图）
意大利米兰的圣萨特圣玛利亚教堂，由布拉曼特和阿马岱奥设计，建于1476—1482年。

本身很优秀之外，离不开当时社会总体氛围的烘托与助推。首先，中世纪后期欧洲的航海冒险事业催生了环地中海一批富裕贸易城市的兴起，商业资本的庞大力量第一次超过宗教力量而对人文艺术投入了前所未有的支持。其次，建筑师这个行业，第一次不再只是一种简单谋生的手段，而成为融雕刻师、绘图师、画家、工程师和细木工等于一体的群体性存在，他们拥有更多不可替代的传达新思潮、新文化的基础，得到了宗教和世俗界一致的尊敬。此外，意大利本地特产的优质大理石，为如此精美绝伦的建筑之成就奠定了不可替代的基础。当人们驻足于一个又一个大师们呕心沥血、精雕细琢的建筑杰作前，一切赞美的语言都显得那么苍白。

建筑外景
意大利威尼斯的圣母玛利亚－米拉科利教堂，由隆巴尔多设计，建于1481—1489年，以彩色大理石的墙面而闻名于世。

1485—1625
英国建筑的转折点：都铎风格

"渔翁之利"的伟大王朝

都铎王朝（Tudor Dynasty）至斯图亚特王朝的詹姆斯一世（James I）时代，共一百多年（1485—1625）时间，是英国从封建时期向资本主义发展的转型期，同时也被视为英国建筑史上的一个转折点，流行的建筑风格逐渐从中世纪的样式转向一种更精致、带有古典装饰的结构体系。当时大规模的住宅建设所建造的作品，跨越了五六百年，有许多至今都完好地保留着。

都铎王朝是在著名的玫瑰战争（Wars of the Roses，1455—1487）之后建立起来的，这场战争是在分别以红、白两色玫瑰为族徽的兰开斯特家族（House of Lancaster）和约克家族（House of York）间爆发的，为了

争夺英格兰的王位继承权，两强相争，都铎家的亨利坐收了渔翁之利。都铎王朝是英国历史上一个非常重要的王朝，从它建立起，英国就逐渐进入了一个强化统治、巩固政权的繁荣时代，同时也进入了一个建设的新时代。

都铎王朝的前两代君主——亨利七世（Henry Ⅶ，1485年至1509年在位）和亨利八世（Henry Ⅷ，1509年至1547年在位）鼓励大兴土木，许多富人和普通民众都热衷于重建或扩建自己的住宅，新的石材或砖结构替代了原有的木构建筑，新的居住空间不仅数量增加，而且质量也得到大大提升。王朝的后继君主分别为爱德华六世（Edward Ⅵ，1547年至1553年在位）、简·格雷（Jane Grey，1553年在位）、玛丽一世（Mary Ⅰ，1553年至1558年在位）和伊丽莎白一世（Elizabeth Ⅰ，1558年至1603年在位）。都铎王朝的最后一位女王伊丽莎白一世将英国带入了近代之前最辉煌的黄金时代。

然而，伊丽莎白一世终身未婚，王朝到她为止宣告终结，由其苏格兰的表亲詹姆斯继承王位，史称詹姆斯一世（James Ⅰ，1603—1625年在

建筑外景（对页图）
都铎时代早期的建筑窗户普遍较小。

肖像画（右图）
詹姆士一世原为苏格兰的詹姆士六世。1603年英国女王伊丽莎白一世驾崩，因伊丽莎白一世终生未婚，没有子嗣，故死前指定詹姆士继承王位。

位），这也是英格兰斯图亚特王朝的开始。从建筑意义上来说，新的斯图亚特王朝承继了前王朝的诸多风格，因此建筑史往往将詹姆斯一世时期并入都铎王朝一起阐释，并概括称之为"都铎风格"。

壁炉、玻璃以及功能区隔的出现

与中世纪的建筑相比，这一时期住宅的舒适度有了显著的提高。在中世纪的住宅中，中央灶台是唯一给房子供暖的设施，而到都铎时代末期，中央灶台已被壁炉所取代。放弃了中央灶台，便彻底改变了原来单层、屋顶带孔的房屋样式，多层住宅随之出现，同时屋顶的外形也不再被烟雾缭绕的灶台烟囱所破坏，而且不受烟灰污染的屋顶开始让建筑师有更多发挥的空间，加上各种装饰。但更重要的是，壁炉开始变成了室内装饰的中心。从都铎王朝到20世纪中期，壁炉一直是室内装饰风格中占据支配地位的设计元素。

建筑外景（左图）
英格兰中部的斯特拉福德小镇，仍保留了许多都铎时期的建筑。

室内场景（对页图）
中央灶台被壁炉所取代。从都铎王朝到20世纪中期，壁炉一直是形成室内装饰风格的具有支配地位的元素。

室内场景
门厅周围的装
饰是不可缺少
的部分。

建筑外景
明木架结构成为建筑外墙的漂亮图案。

　　另一个对室内设计产生重大影响的技术进步是玻璃的运用。在都铎时代末期，玻璃已不仅仅用于大型住宅，许多普通住宅也开始使用起玻璃。它对窗的大小、数量和设计都有直接影响。尤其重要的是，较大面积玻璃的使用，令窗户的透光量大为增加，这样一来，室内可以采用雕刻和绘画作为装饰，而不致显得繁杂或晦暗了。

　　从室内设计的角度来说，更为根本的变化是住宅房间功能的专门化。在中世纪，即使国王也只是住在一间大屋子里，吃饭、睡觉和处理国家大事几乎没有空间的区隔。到 16 世纪初，最先始于王宫，然后再是大臣府邸，最后在贵族府邸中出现了一系列功能专门化的房间，如独立的门厅、餐厅、客厅、卧室、卫生间，甚至还出现了专门的图书馆和独立书房。每一个房间根据功能的要求而有各不相同的装饰规则，比如在餐厅悬挂挂毯、织金等织物装饰是不合适的，因为它们可能会留下食物的气味，石膏装饰更适合使用于餐厅。

　　同时影响室内风格的另一个因素是地域变化。由于建筑材料大多又重又大，在高效的公路和铁路运输体系尚未建立起来的时代，运输费用十分昂贵，因此，在一个国家的不同地区，建筑风格便因材料的不同而有很大差异。与木建筑相比，石建筑上的装饰要少得多，因为石材雕刻不仅费钱，而且运输相当困难。在缺少优质石材的地区，砖的运用明显增多。同样的，在缺少石或砖的地区，木构建筑就是主角，并且相对可以有更多的雕刻装饰。

建筑外景
跨越了四五个世纪的都铎时代建筑仍普遍受到英国民众的喜爱，其建筑形式和现代生活方式完美结合。

室内场景
简朴的结构成为历史的最好注释。

而另一种导致建筑风格变化的因素是建筑的位置，也就是它位于城镇还是位于乡村。城市化进程是社会发展的必然过程，但城市人口的迅速增长引发了城市扩展的无序，1580年皇家公告要求伦敦市周围5千米内禁止新建任何建筑。早期的斯图亚特王朝（詹姆斯一世及其子查理一世统治时期）对伦敦建筑做了更严格的规定，因此伦敦中心区周围建设的住宅一般又高又窄，外表面的木刻和石膏装饰集中在狭窄的立面上。在乡村，由于地价相对便宜，建筑得以向四周展开，立面装饰也因而较为宽松自由。

在都铎时代的大多数时间里，来自国外的影响主要是欧州大陆的低地国家（尼德兰）和德国。但是到16世纪，意大利的影响更为明显，意大利文艺复兴的余波传到欧洲其他国家，进而越过英吉利海峡到达了不列颠，其开始采用古典母题和柱式，形成了一种源自古希腊和古罗马的装饰体系，以多立克、爱奥尼亚、科林斯、托斯卡和混合风格的柱式和柱头为基本装饰元素。

垂直立面的元素变化

都铎时代的设计风格较为自由，主要体现在建筑的一些细节上。无论使用木材、石材还是砖来建造，都铎时代的门头一般是平的或者是四心拱，四心拱门头有时拱肩，有时雕刻。门侧壁通常有凹凸装饰线脚形成的外框，对门框起着保护和装饰作用。住宅内部的门不受侵蚀，一般比外门精致得多，其装饰变化与壁炉极为相似。外门用宽度达 0.7 米的木板制造，材质一般选用橡木。钉子的头部有时暴露出来，磨光后作为装饰。

在都铎时代，最初最简单的窗是不装玻璃的方孔，用一些木窗格或石窗格进行分隔。格子窗是都铎时代早期标准化的构件。16 世纪后期，竖棂窗和横档窗更加普遍，窗框也多为石材或砖砌而成。而到都铎时代末期，大的建筑窗户逐渐都镶嵌玻璃，较大的农舍和城市住宅到 16 世纪末期开始以玻璃窗为标准配置，而小住宅到 17 世纪后期才用上玻璃窗。当时的玻璃一般很薄，而且灰暗，透光度不好。在铰链没有发明之前，窗户的开启和关闭是通过将铁制或者木制窗框用铁链连接到砖石窗框上来做到的。

都铎时期的室内墙面普遍采用在砖墙、石墙、橡木或者栗木板条龙骨上抹灰的工艺，然后拉毛石灰。在较精致的房间里，可以在石墙或砖墙上包木板作为装饰，或者用石、砖本身制成墙面，然后在墙面上悬挂挂毯或绘画作为装饰。在那个时期，墙纸是非常罕见的。嵌板多用薄木板组成，嵌入水平竖直交错的实木条凹槽中。木板一般为橡木，切割得尽量薄，雕刻装饰非常普遍。除了半身雕像和珠串装饰之外，阿拉伯式的蔓藤花纹图案装饰、带箍的线条装饰和叶形装饰也常被采用。几何形

建筑外景（对页图）
位于斯特拉福德镇的莎士比亚出生地是都铎时代建筑的样板之一。

建筑外景（左图）
15世纪晚期的商人住宅，其上层楼面向外伸出，是当时非常时尚的建筑特色。

室内场景（对页图）
天花板不再因灶台的烟雾而变得晦暗和肮脏，所以都铎时期出现了许多用石膏做为的天花板装饰。

体一般用板条包裹镶嵌形成。在一些重要的房间中，嵌板设计可能把壁炉和门的饰边都包含进去。

从天到地

15世纪的住宅顶面非常简单，只在头顶上楼板下贴一面，所谓天花板。到16世纪初期，较好的住宅开始把托梁用木板或板条抹灰包裹起来，吊顶可以是平的，也可以有雕刻，或者用石膏模型装饰。即使最简陋的住宅也会在天花板上做一些装饰，最常见的方法是在梁上用带槽与洞的线脚装饰。装饰后，主梁和故意添加的木条将天花板分成了小格，这些小格可以是空白的，也可以进行绘画和油漆，或填上木雕和石膏，

奢华和精美的装饰性便很强烈地凸显出来。到 16 世纪后期，这些格子更加具有可变性，通常在肋条和带形线条的相交点上安装了石膏浇注的浮雕，在更加重要的房间还安装了垂饰。最初主要用石膏线脚装饰，后来用木材雕刻或用蜡浇铸出更加精致的图案，然后安装上去。

都铎时期最普遍的楼梯形式是直形楼梯。在小型建筑中，它被挤在一个狭窄的空间，常常隐藏在隔墙后面。较好的建筑中，楼梯一般放置在中央大厅的一侧，带有大量繁琐而精致的装饰，许多建筑还有室外楼梯和走廊。螺旋楼梯出现在早期一些较好的建筑中，宽大的方形楼梯的上下层中柱用砖或石材建造，到 16 世纪中叶演变成框结构栏杆楼梯，实心的中柱被石材或砖楼梯井包围的结构所取代。到了伊丽莎白一世时期，多数楼梯栏杆变得与柱子类似，一些雕刻和穿插的平栏杆已经出现。詹姆斯一世时期，多数楼梯以带箍线条装饰为基础形成。栏杆是装在对角线曲梁方向，而不是装在楼梯踏步上。扶手上采用变化多样的装饰线，中柱一般都有精致的雕刻。

地板的样式方面，最简单的首层地板是夯土地面，较好的地面则用砖或瓷砖铺设，最好的地面用石板铺地。其中砖铺地面最为普遍，由于砖是一种软材料，所以如今看到的许多砖铺地不是原始的样子，而是后来经过替换和重新铺设的。在重要的建筑中，砖铺地仅仅用在服务区。地砖能够上彩釉或者保持本色，并铺设出美观悦目的图案。在不同地区，颜色和尺寸变化较大。但首层地面最受欢迎的铺设材料还是石材，因为一但磨损后还能够翻面继续使用，不需立即更换。由于运输的问题，铺设的选材一般是当地生产的石材，常见的有花岗石、板岩、多沙石材，甚至还有大理石。在农村饲养家畜的地方，还能发现鹅卵石铺设的地面。

室内场景（对页图）
室内墙面普遍采用在砖墙、石墙、橡木或者
栗木板条龙骨上抹灰的工艺，然后拉毛石灰。

至于上层楼面的地面多使用木地板，以橡木为主，有时也采用榆木。值得注意的是，当时的木板比现代木地板宽得多。

壁炉、壁橱及其他

都铎时代早期，中央灶台非常普遍。但到了 16 世纪后，壁炉逐渐成为主导。最简单的壁炉依靠外墙或中间的某个内墙，用砖或者石材砌筑而成。在后一种情况下，一系列壁炉可以共享一个烟道。壁炉开口可以用木材、砖或者石材建造。16 世纪早期，壁炉开口的拱上有斜面或者线脚装饰，到 16 世纪 40 年代后，时尚的壁炉具有文艺复兴式的细部，例如侧壁有古典柱式。壁炉架上方有壁橱、兵器盔甲、装饰板或者带箍线条饰。炉床用石材或砖建造，砖砌炉床需要定期更换和重新铺设。背面墙边缘一般用精巧的薄砖、面砖装饰，或者采用铁制的炉背。最简单的炉床用小砖墙支撑燃烧的木料，但更多采用铁制的柴架。

建筑外景（左图）
都铎时期的木框架结构住宅，门和窗的外框是整体结构的一个重要组成部分。

室内场景（对页图）
壁炉周围的设计实用而完美。

　　16世纪早期，嵌入式家具是所有建筑的重要特征。在整个都铎和詹姆斯一世时代，比较简陋的住宅一直使用嵌入式家具。许多现场制作的家具用于贮藏，特别是用于保管衣服、银器和档案。最普遍的形式是在墙凹部分加上框架，与门形成壁橱。这个墙凹可能在石墙上，也可能在一个木隔墙上，壁橱既可以带有大量装饰，又可以简单朴实，用于存放调料和蜡烛。在小型住宅中，它们一般被安排在靠近壁炉的位置，这样可以使壁橱内里保持干燥。

　　在16世纪和17世纪，虽然内置的卫生间并不罕见，但多数家庭仍然使用室外厕所。厕所一般被安排在室外的凹处，包括一个带孔的木座椅和垂直通风道。通风道一般和烟囱相邻，允许向上通风。下方的坑洞则通往下冲式水管或定期挖掘与清理的坑中。

室内场景
普通民居的墙上用图案装饰，这在16世纪后期已经变得较为常见。

1600—1750
全盘桂冠上的宝石
巴洛克风格（上篇）

不稳定的非规则性

　　巴洛克风格是在文艺复兴运动结束后兴起的文化潮流之一，主要流行于 17 世纪，大致的时间跨度为 1600 年至 1750 年的近一个半世纪。这一风格发轫于意大利罗马，盛行于西欧，至近代法国、德国、英国达到顶峰，其影响一直波及到俄罗斯和美洲。"巴洛克"一词源于葡萄牙文"Barocco"，原意为畸形的珍珠，如果不追究这个词的原意，它给世人的认知就是一种经典的代名词。它不单单只表现在建筑、室内设计以及绘画、雕塑等艺术方面，甚至一个时代所有美的表达，都被戴上了这顶桂冠：巴洛克音乐、巴洛克服饰、巴洛克文学……

　　"在建筑含义上，巴洛克一词意指以古怪、精微、精致为特征的各

室内场景（对页图）
意大利都灵郊外的斯图皮尼吉宫内的狩猎厅，由设计师菲利波·尤瓦拉设计。丰富的壁画和石膏装饰围绕着狩猎的主题展开，两层高的中央沙龙大厅与周围的房间和走道成放射形联系，形成复杂的空间关系。

室内场景（右图）
狩猎厅中央沙龙大厅的天花板设计。彩色与金色的图案在宏伟的大厅内相互辉映，有震撼人心的视觉感受。

种变样，甚至可以说是对这些特征的滥用，表征着由过度而带来的某种程度上的荒谬。"18 世纪末期，法国建筑史家夸特曼·德·昆西（Quatremere de Quincy，1755—1849）在其《建筑史词典》中对"巴洛克建筑"给出了上述界定，其时正是已延续了约一个半世纪的巴洛克时代行将结束的时候。昆西在这个时间点上对巴洛克建筑之特点给出的总结，其实是一种历史性的回顾与理解，一种"反观"。

泛泛而言，作为专业术语的"巴洛克"一词，最初被用来描述 17 世纪及 18 世纪前半期的视觉艺术，这种含义大致是在巴洛克时期之后的新古典主义时期才被予以明确，被当时的一些批评家用来描述与古典和文艺复兴风格相背离的艺术形式。无论是古典艺术还是文艺复兴艺术，都将"比例""和谐""平衡"等视作艺术表现的第一要素，而巴洛克

时期的艺术则恰恰相反，喜欢突出"动感""不稳定""非规则性"等特征，在平面构图或立体构型上采用斜角安排，在总体效果上突出富含激情的戏剧性、感染力、说服力。

渊源孕育新价值

巴洛克作为一种风格，由意大利16世纪文艺复兴时期的"矫饰主义"（Mannerism）演变而来，并在此基础上发展壮大。在矫饰主义与巴洛克风格之间有明显的内在含义上的连续性，但后人一般又在经验史实层面，为两者给定了一个时间上的划分，标示这个分界点的并不是哪个艺术事件，而是一个宗教事件：特伦特会议（Council of Trent），在此之前为矫饰主义，其后则是典型巴洛克风格。从这一点上就足以看出宗教因素对于巴洛克艺术具有决定性含义。其实这个所谓的"点"也是一个过渡，因为特伦特会议是从 1545 年一直断断续续开到了 1563 年；对于

室内场景（对页图）
德国维尔茨堡主教住所的楼梯一景，由设计师巴尔塔萨恩·诺曼设计。楼梯与楼梯厅成为处理重点，众多石膏与绘画的细部装饰，令其呈现出巴洛克风格的动感魅力。

建筑外景（右图）
意大利都灵苏佩尔加建筑群中的教堂和修道院全景。由设计师菲利波·尤瓦拉设计。有高穹顶的教堂紧挨着底层的修道院，修道院环绕着中央庭院的对称布置，其表现的巴洛克特点接近于文艺复兴盛期最后阶段的风格。

从矫饰主义到巴洛克风格的转变来说，这是一种渐变而非突变。

在从文艺复兴风格向早期巴洛克风格过渡的过程中，意大利画师、建筑师、艺术史学家乔治·瓦萨里对于有关理论路径的更新发挥了不小的促动作用，他在 1562 年创立了佛罗伦萨美术学院的前身，被誉为世界美术教育最早的奠基人之一。瓦萨里的生命时期正是由文艺复兴向巴洛克风格过渡的时期。文艺复兴时代的艺术崇尚古典，而所谓"古典"在当时又基本被视作一个集体名词，在其中少有对于艺术家个体的突出。事实上，文艺复兴所追怀的古典艺术遗存，大多由于年代久远而无法确知其创作者具体是何人，并且其中更多的是匿名人士集体式的创作，作为一种职业身份的设计师或建造师，在古典时代尚属罕见。这些因素决定了文艺复兴时代对于古典的回视带有"见林不见木"的特征。而瓦萨里所倡导的艺术价值新观念之一，就是凸显"个体性"的含义，其中既包括作品的个体性问题，更包括了作者之个体性问题。用一句未必周全

肖像画

乔治·瓦萨里生于托斯卡纳地区的阿雷佐。1560—1574 年建成的乌菲兹宫由他主持设计，馆内连结碧提宫的走廊也由他设计而成，这条走廊横跨阿诺河，是世界最著名的肖像展廊。其绘画作品存世甚多，代表作是佛罗伦萨市政厅内的一系列壁画。所著《艺苑名人传》在美术史上具有划时代意义，书中第一次正式使用"文艺复兴"一词。

家具

坐架式多宝柜，产于
17世纪晚期，装饰有
海草式细木镶嵌、彩
色硬石拼嵌的嵌板，
是巴洛克家具中非常
流行的款式。

的话来概括，"不拘一格"与"与众不同"，就是瓦萨里所推动的"新
艺术价值"的核心含义。

理解与诠释

20世纪50年代，意大利艺术史学者吉里奥·卡罗·阿尔甘（Giulio
Carlo Argan，1909—1992）则从"修辞"的角度对巴洛克给出了不同的
理解，认为巴洛克艺术是一种"修辞的艺术形式"，其主要目的在于
"说服"。对此，波兰艺术史学者简·比亚洛斯托基（Jan Bialostocki，
1921—1988）也表达了相近的观点："巴洛克之前，艺术是为了唤醒人
们心中对于美的钦羡，以及对于艺术品中所表达出的'完美化'了的自
然现象的钦羡；而在17世纪，艺术品与观看者之间的关系被赋予了新
的理解，作品不再是对客体性事实的表现，而是指涉行动的工具和手段。"

而当代法国思想家吉尔·德莱斯（Gilles Deleuze，1925—1995）也曾对巴洛克文化给出过如下解释与界定："所谓巴洛克，并不意味着某种本质，而是意味着某种操作功能。"当代法国装饰哲学学者克里斯廷·布奇 – 格鲁克斯曼（Christine Buci-Glucksman）对于德莱斯的上述观点表示认同，他所编著的《巴洛克的权力：力量、形式与理性》（*Puissance du baroque,les forces,les formes, les rationalites*）一书认为，巴洛克文化令"形式"一词的含义发生了变化，"形式"不再主要指涉"观念的承载和体现"，而是指"一种操作，它使得空间得以暂显或湮灭"。

如果说这两个概念所触及的还都仅仅是"中性"或"程序性"的问题，那么当代学者乔司·马拉瓦尔（Jose Maravall，1911—1986）在其出版于 1975 年的《巴洛克文化：一种历史建构》（*La cultura del Barroco, una estructura historica*）一书中，则一语道破了上述这种"程序性"概念所指向的"目的"，他认为巴洛克文化的根本是对某种社会和政治系统或秩序的寻求，其本质是权力意志，它通过艺术的手段来促使社会所有成员对权力或力量产生敬畏甚至崇拜，最终导致服从。这一论点或许可以解释为什么巴洛克建筑作为某种艺术"形式"，已经不再仅仅是"观念"的外在化显现，而是具有了更深层次的含义：它是在以"引诱"的姿态向人们展示权力意志。以上诸多观点，都是从理论角度给出的对于巴洛克文化与艺术的看法。其实，从经验史实角度来看，也不难得出类似结论：巴洛克时代的欧洲经历了严重的宗教或世俗范围内的冲突甚至战争，这在很多领域都催生出了人、事、物等在"毁灭"与"生成"之间的几度循环，不难想见，艺术在这样的历史波涛中涵泳，自然在一定程度上难以摆脱作为"权力之婢女"的命运。

室内场景（对页图）
西班牙格拉纳达的一座加尔都西会修道院内景，始建于 1732 年。

推动者

巴洛克时代的建筑主要为宫廷建筑和宗教建筑。前者的推动者主要是王室，典型例子是法王路易十四发起建造的凡尔赛宫；后者的推动者主要是教会等类似性质的组织或机构，典型例子是罗马教廷发起建造和改造的圣彼得大教堂及其广场等一系列项目。当然，在巴洛克时代，教堂往往也如宫殿一般突出权力与享受，宫殿也往往如教堂一般突出庄严与信念，二者之间有着太多的叠合之处，界限未必十分清晰。不只是功能明确的教堂或宫殿建筑，所有巴洛克时代的建筑大多带有鲜明的宗教和宫廷意味，从逻辑上说，这一特征对于巴洛克艺术而言不是附加性或外在性的，而是先天性的，因为巴洛克样式之所以能够诞生，就是由于教会和宫廷的行为与支持。就教会方面而言，主要是指罗马教皇领导之下的"反宗教改革"运动，即天主教系统对于新教改革所做出的回应，回应的方式有多种，例如召开会议、厘定教义、强化教仪规范等，包括

肖像画

法国国王路易十四（Louis XIV，1643—1715年在位）。他幼年即位，1661年开始亲政，后实行"朕即国家"的专制统治，自称"太阳王"。任用柯尔培尔，采取重商主义政策，推动工商业发展。颁布《枫丹白露敕令》，宣布废除《南特敕令》，迫害新教徒。同尼德兰进行战争，参加西班牙王位继承战争。他当政时所兴建的包括凡尔赛宫在内的诸多大型建筑，耗尽了法国国库。凡尔赛宫立面为标准的古典主义三段式处理，被称为是理性美的代表，其内部装潢以巴洛克风格为主。路易十四晚年，法国封建专制开始转衰。

室内场景
凡尔赛宫中著名的镜厅，
由鲁勒·哈多万－曼萨
和查理·勒布伦设计，
始建于 1679 年。

建筑在内的艺术表达则是其中的重要手段之一。教廷试图通过建造繁复华丽、感染力十足的教堂来突出神性的纯美高洁，从而说服信徒绝对信从天主；就宫廷而言，17 世纪的欧洲，君主权力日益扩大，艺术就如军队一般，被君主们视作宣扬权力的工具，君主希望以艺术的方式来显示其权力的不可侵犯，同时表现其高贵、仁慈、富有和品位，藉此来强化和维系人们对君主的绝对信从。

　　虽然巴洛克建筑的直接起源是为了满足教廷与宫廷对于"说服"的需要，但当巴洛克建筑存在之后，它也就具有了艺术含义上的属于其自身的独立的含义与价值。从一定角度来说，巴洛克建筑艺术的内在精神之一是"面向圆满"：人之圆满，世界之圆满，人对于世界之体验与认识的圆满。从最基本的含义上说，所谓"圆满"是指作品之完满，譬如作品内部构成的有机性或整全性，作品中各个部分之间的呼应、符应与辅应，表现手法和表现对象的全面性，以及作品对于人之各种感官和理智的尽可能多地触动与牵引，等等；换句话说，巴洛克建筑艺术是一种"圆融艺术"或"整体艺术"。从较深的含义上说，所谓"面向圆满"

建筑外景

凡尔赛宫正面外观。凡尔赛宫原是一个小村落，是 1624 年法王路易十三在凡尔赛树林中造的狩猎宫。1661 年，路易十四将其改造成豪华的王宫，由著名建筑师路易·勒沃和朱尔·阿杜安·曼萨等人精心设计，于 1689 年建成竣工。

则可以指涉这个世界（包括人类社会系统与自然系统）是否具有、是否可能具有以及是否应该具有"统一性"的问题；巴洛克时代的罗马教廷与各国王室都认为世界必须统一，并且是必须统一于"我"——对前者而言指的是教皇或梵蒂冈教权系统，对后者而言，指的是诸如法国"太阳王"路易十四以及俄国的彼得大帝及其统治系统等。

共鸣变奏曲

就样式与风格而言，巴洛克建筑等艺术的造型一般都极其繁复，它是某种全息性的艺术存在，于精致之中彰显恢宏，以其整体氛围将观者之身心统摄于强大的气场之中，以无形之手拨动观者的意绪心弦，以此引发强烈的情绪反应。有学者将此称之为"共鸣"，意谓在艺术品与观者之间、艺术品作者与观者之间发生的精神和心灵上的高度对契。但从另一角度来看，观者的反应在很大程度上是被动而生的，是受到作品或作者之拨动而生的，因而"共鸣"中之"共"的含义并不强烈：普通观者与巴洛克作品之宏大感染力之间，并不是简单对等或平等的关系，而是观者处于相对"降阶"的地位，艺术高于人之存在。这正是作为巴洛克艺术之最主要的"催生婆"——教会与宫廷——之共有的目的，因为只有在这种并非对等的关系结构之中，"说服"的目的才更易于实现。

与其他艺术风格的产生因缘相类似，巴洛克艺术风格说到底也是多种因素综合汇聚的结果，因而巴洛克艺术的具体面貌也是多样而繁杂的。但正如昆西在对于"巴洛克"的解释中所说，比"多样"这个词更合适的是"变样"（variation）。毫不牵强地说，"变"是巴洛克艺术的核心特征，这不仅仅是指存在于巴洛克时代不同艺术类别、不同艺术家之间的某些具体差异，更主要地是指巴洛克时代的艺术观念和技法精神，

室内场景
西班牙塞维利亚仁爱医院中的彩色木雕《落葬》，描述耶稣从十字架上被放下后落葬的情景，其整体龛型和雕刻都极尽繁复华美。

即便对于同一个作品或同一个作者而言，"变"与"不同"都是贯穿于其中的核心观念与技法。

非群众性的精英建筑

就史实层面而言，巴洛克建筑风格最初是在意大利大规模涌现的，其中心地域是罗马。由于历史文化的积淀，罗马本身即是一座巨大的艺术博物馆——并非"艺术品"博物馆，而是"艺术"博物馆。"艺术"一词的含义首先不是指"艺术品"，而是指艺术品的创造者，即"艺术人"，因为"品"之背后与身前总是有"人"先在。近代以前的罗马自古以来就是艺术人的天堂，对于建筑艺术来说更是如此。早期巴洛克时代的罗马，刚刚经历了文艺复兴之"阳光灿烂的日子"，既造就了诸多本地艺术家，同时也吸引了其他国家和地区的无数艺术家们汇聚于罗马，

器皿

巴洛克风格的敞口瓶，由大卫·威劳姆设计，采用了银片錾花包嵌工艺，样式新颖精巧。

建筑外景
葡萄牙布拉加
的耶稣教堂之
庭院和台阶，
建 于 1784—
1811 年。

以实地踏勘、研习的方式实践着与前人的对话。

　　巴洛克时代的建筑师们很少独立开展工作，他们一般都会与宫廷或教廷结成合作关系，受其委托、委任甚至指令而开展具体的建筑事务，总体上来说，巴洛克时代的建筑对于建筑师而言很少属于纯粹私人事务，而是带有浓烈的"国务"或"教务"色彩。设计师弗雷·洛伦佐·德·桑·尼古拉斯（Fray Lorenzo de San Nicolas，1595—1679）在其出版于1633 年的《建筑艺术与应用》（De arte y uso de arquitectura）一书中就提到，在 17 世纪的建筑师群体中，有为数甚巨的一部分从属于教会组织。这不仅仅是因为宗教信念在当时对任何人来说几乎都是不可或缺的，同时或许也有实际益处方面的考量：在教会系统中能够更加方便地接触书籍、绘画等文化事物或事务，其中也包括与建筑有关的历史遗存。这对于意欲从事建筑工作的人来说相当重要。在一般意义上，建筑从业者这个群体常常被划入工程技巧或军事技术类范畴，但在巴洛克时代，"建

室内场景

德国比尔瑙圣母大教堂内景，建于18世纪中期，是德国巴洛克建筑大师约翰·费西特梅耶的作品。其装饰极其华丽和繁复。

筑师"这个词首先意味着"宗教系统的成员"，因而建筑师所需具备的首要素质并不在于工程技法，而是其精神特质，尤其是与教义精神相一致的那些观念性特质。

从技术经济角度来说，典型巴洛克建筑的共同特征是恢宏而精美，这就决定了在民间富裕程度还不甚高的 16 和 17 世纪，普通市民阶层难以具备建造典型巴洛克建筑所需的丰厚资源——无论是物质性资源抑或是与艺术设计相关的智慧性资源。在很大程度上可以说，巴洛克建筑是靠着"权"与"钱"两个推动器才在世间"站稳脚跟"的。因而，若用政治含义较浓一点的语词来说，巴洛克建筑是"专制建筑""贵族建筑"或"精英建筑"，而不是"平民建筑"或"民主建筑"。巴洛克建筑的"种子"不是散落在民间土壤之中，而是集中或特供于某些特定"种植"区域，它属于某种意义上的"珍馐美馔"，是一种"示范田"，而不是"大众食粮"。总之，巴洛克建筑与"民间"保持着较大的距离。

"人造文明"的精神实质

从目前东西方关于"巴洛克问题"的介绍与认定上来说，"巴洛克建筑"这一概念所指涉的建筑实物或实例，几乎无一例外地都是指那些壮丽而繁华的宫廷或教廷建筑，而不包括民间建筑。依此观点来看，欧洲建筑史含义上的以教堂、宫殿为主体的巴洛克建筑，可以被称作"教廷文明"（或"宗教文明"）以及"宫廷文明"（或"王权文明"）。因为这些建筑主要来源于并且也主要服务于教廷或宫廷这一特定范围人群，对于这一范围人群而言，这些建筑所体现出的特质是"散点平铺"的，但对于更广大范围人群而言，它是"集中高束"的，因而它不能被泛称作"文明"，而应该在"文明"二字之前加上限制词，因为巴洛克

室内场景
西班牙格林纳达萨格拉里奥加尔都西会修道院内景，建于约 1732—1745 年。

建筑主要与教廷或宫廷这类"小圈子"直接相关，它在其起源与目的上只是集束性地属于这类"小圈子"，而不是分散性地属于更广泛的人群；它是某种"特定存在"，而不是"普遍存在"。依此路径，可以将巴洛克建筑视作与人有关的文明，或是说由一部分人所成就的文明，或曰"人造文明"，但不宜将其泛称作"人类文明"。

而从一定角度来说，巴洛克建筑也正是要出离于人类的。巴洛克建筑固然在总体上凸显了世俗的情感和肉欲，尤其对于宫廷巴洛克建筑而言，情感和肉欲基本被视作目的性的东西，但对于教廷巴洛克建筑而言，情感与肉欲则仅仅是一种手段，一种引发或燃起人们内在情绪的手段，其目的还是指向信仰，指向对于圣母圣子的爱的投入，从这一角度来说，巴洛克建筑无疑具有丰厚的神性特质。其实，即便对于绝大多数世俗的宫廷巴洛克建筑而言，神性特质也并不缺乏，因为宫殿之中往往都建有规模不一的教堂，对于宫廷生活而言，情感和肉欲是人生的一面，冥思和忏悔则是人生不可或缺的另一面，对于巴洛克时代的人们而言，世俗与神圣两面相贴合，才算是完整的人生。因而，就巴洛克建筑之整体而言，教堂、修道院建筑以及具有浓厚神性特质的建筑空间（例如很多以《圣经》题材壁画或穹顶画为装饰的世俗建筑），构成了巴洛克建筑中最重要的精神成分。巴洛克建筑没有哥特建筑所着力凸显的尖顶，没有外在形式上直接指向遥远天国的功能结构，取而代之的是以空间的开阔感、雕塑以及绘画的繁复精致等手段幻化出的某种更加清晰可见、更能触动人内在心绪的天国意象；如果说哥特建筑的尖顶是个外向型结构，它所诉说的是个"出"或"去"字，因而其所指向的天国是在建筑之外乃至此生之外的，那么巴洛克建筑的圆拱顶就是一种内向型结构，它所诉说的是个"进"或"来"字，它不再是向外指向天国，而是把天国向内"拉"下来，"拉"到人们面前，"拉"到人的现世之中。哥特教堂说的是"归去"——即人向天国归去，其中人是欲求者，是手段，天国是欲求的目的；而巴洛克建筑说的则是"降临"——天国向人降临，人成了目的和归宿。人成了目的，这正是从中世纪向近代文明转换的过程中，人之精神文明所发生的最大事件。

神性还是人性

但是，在作为从中世纪向近代转换之过渡时期的巴洛克时代，在"神—人"问题上，巴洛克建筑所体现出来的仍然是神性第一，人性第二。人性固然被以更加昭彰的型态予以凸显和强调了，但它在神性笼罩之下仍然处于明显的逡巡与彷徨之中。人们的直观感觉是，高高耸立的哥特建筑更具神性，厚重敦实的巴洛克建筑显得更加世俗化，具有更多的人性元素，神性元素已经被大大淡化了。这种感觉并非错误，只是从某种角度来说不够深入：哥特建筑只是以外部的"型"与"式"来彰显神性，这终归只是一种外部化的神性，其根未必滋生于人之内在心灵深处，而是通过营造一种令人望之而生敬畏的崇高感来加强人之渺小感，从而通过承认自己之"不能"来转换出对于神之"能"的确认，因此，在"不能"与"能"之间，以及在"人"与"神"之间，存在着显见的隔阂与被动感；而巴洛克建筑所表征的神性说服含义，更加倾向于通过燃起人之内心、甚至骨与血之中的宽泛意义上的"爱"的情绪，来建立人之自身的"我能"的意识，从而与圣母圣子之基于爱的"能"找到对接与契合。

如果说哥特建筑是通过先确立神性然后以之塑造人性，那么巴洛

室内场景（对页图）
梵蒂冈圣彼得大教堂中的祭坛青铜华盖。

建筑外景

意大利那不勒斯的圣马提诺教堂，建于16世纪末，是那不勒斯最杰出的巴洛克建筑师科西莫·范扎戈的作品。其面向庭院的长廊在阳光的照耀下，充满圣洁之意象，每个弧拱都有着精美的雕刻。

克则是首先承认自在人性的意义与价值，然后试图在人性之中去焕发神性——是焕发而不是塑造。从这些角度来说，相对于哥特精神而言，巴洛克精神更加接近于内在的神性。这两者之间的差别，有些类似于天主教所强调的"只有通过教会人们才能通达上帝"与宗教改革之后所强调的"人人自心即可通达上帝"之间的区别。以人性为基础的神性焕发路径，比基于否定人性而去建构神性的态度更符合人之信仰逻辑，对于中世纪之后历经了文艺复兴洗礼的人们来说更是如此，因为蒙昧已经渐行渐远，启蒙的曙光已经在望，"以上帝为光"的观念逐渐开始被"以光为上帝"的日子所取代，而"光"也正是巴洛克建筑艺术中最重要的表意手段之一，同时也是其最重要的表达元素和表现目的之一。

承认以自在人性为基础去观照和构造世界，即是承认在"人—神"关系之中以人为始基，而世界——不单指物理空间世界，更指人的意义世界——是圆融的，因而以人为出发点即意味着以人为这个圆融世界的"中心"。从神性意义上说，这个中心点也可以被理解为基督被缚于其上的十字架中的那个交叉点；而更具深厚意味的是，基督教的十字架最常见的并非正十字，事实上，交叉点在竖直方向上偏近于一端，若以十字架为内在式"支撑"而作全封闭圆滑图形，其结果则是椭圆或近似椭圆形，而椭圆形也正是巴洛克建筑的特征元素之一。此外，巴洛克建筑在结构上所强调的"中央化"特征，也正与"以人为中心"这一命题的含义相契合。试图在人性之中开掘、彰显、焕发神性，这就是巴洛克建筑谋求"出离于人"的特质。虽然巴洛克建筑不宜被称作"人类文明"，但它仍不失为一种"人造文明"，在更准确和更深刻的含义上说，巴洛克是"人性文明"之一种，其含义指向乃是"人之超越性"，而且是"内在的超越性"。

思想者心中的"理想城市"

　　谈及建筑精神或城市精神问题，最有发言权的往往并不是建筑师，而是一些文艺家或哲学家，他们的视野往往较之常人更为开阔，眼光也更为深邃，有时能够看到建筑师一时看不到或看不清的若干含义。但他们的眼光一般也更为挑剔，所给出的意见与评价往往也是批判多于赞誉。在巴洛克时代，最有影响的文艺家或思想者大多出于法国。1637年，法国哲人笛卡尔（Rene Descartes，1596—1650）在谈及当时的城市规划时，认为很多大城市的规划格局还不如新建的防御要塞的格局合理："这些城市，从开始时的小村落历经风雨而成为现在的大城市，但其格局安排是如此之糟糕，俨如从未经过工程师之智慧的洗礼。"大约一个世纪之后，法国另一位大思想家伏尔泰（Voltaire，1694—1778）也提出了相似的问题，并不无讽刺地表示："如果巴黎的一半毁于大火，我们将以极好的品质将其重建，可是今天我们不想去这样做，不想去为巴黎提供它所需要的优质和壮丽，即便是以很小的代价。"伏尔泰的评论或许只是一句戏言，但却也并非虚言，并非毫无所指，因为在巴洛克时代，有多座大城市曾经历火患，例如奥斯陆、伦敦、布鲁塞尔等；还有些城市遭受过地震灾害，如位于意大利西西里的卡塔尼亚以及葡萄牙的里斯本。这些历经灾患的城市以复建为契机，后来被注入了更多"理想城市"的元素，获得了新的活力。"死"与"生"，对于巴洛克时代来说，是一个意义非凡的大问题。

1600—1750

"设计"含义的确立
巴洛克风格（中篇）

巴洛克建筑的"基石"源自何处

关于近代之前西方专论建筑技术或艺术的文献，人们比较耳熟能详的是马库斯·维特鲁威（Marcus Vitruvius Pollio，约公元 1 世纪）、里昂·阿尔贝蒂（Leon Battista Alberti，1404—1472）、塞巴斯蒂安·塞里奥（Sebastien Serlio，1475—1554）、贾科莫·维尼奥拉（Giacomo Barozzi da Vignola，1507—1573）、安德烈亚·帕拉迪奥（Andrea Palladio，1508—1580）等人遗留下来的著作。这些人物都堪称建筑设计史上的大师，他们的观点、风格对后人无疑具有重大参照意义甚至训导意义。其实，在悠悠的历史中，对于建筑进行过学术性研究或针对建筑设计问题提出过值得重视的主张或观念的人，远远不止上述这几位"大

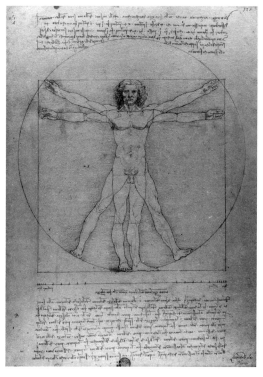

素描稿

使维特鲁威声名流传于世的是他所著的《建筑十书》，他为建筑设计设立了三个标准：持久、有用、美观，这成为建筑最基本的规范。他还提出了建筑是对自然的模仿，正如鸟和蜜蜂筑巢，人类也用自然材料营造建筑物以保护自己，并发明了多立克柱式、爱奥尼柱式和科林斯柱式等富有美感的建筑语言，它们都是依照最美的人体比例发明的。这也成为来达·芬奇描绘这幅《建筑人体比例图》（维特鲁威人）的依据。

师"级人物。在成立于 1557 年的罗马圣卢卡学院以及成立于 1671 年的法国巴黎皇家建筑学院中，就有为数甚多的有名或无名的建筑师宣示过自己的设计观念，多方聪明才智源流综汇，一道推动着近代建筑向一门更加严谨、丰富的学科和科学的方向发展。

总体来说，巴洛克建筑观念之最主要的前缘性奠基，主要还是来源于维特鲁威，尽管巴洛克年代距离维特鲁威的生活年代其实已经很远了。对于建筑的维特鲁威式的理解和界定，一方面具有其合理性与权威性，同时也具有很大的不充分性。对这一问题，安东尼乌斯·波希维奴（Antonius Possevinus，1534—1611）在其 1607 年的《书目选辑》一书中就有所论述。但后来的法国建筑师弗朗索瓦·布隆代尔（Francois Blondel，1617—1686）在其著作中倾向于捍卫维特鲁威主义，他在其列

意大利罗马的圣安德里亚别墅正立
面是对于建筑规范的最佳诠释。

建筑外景
法国南锡王宫（即斯坦尼斯拉斯宫）中精美
的金色铸铁大门及雕塑喷泉，建于1752年。

的建筑参考书目所做的注释说明中曾这样写道："我们有理由将维特鲁威置于高位或首位，以维特鲁威为建筑之父，这不仅仅因为他是古代建筑师中最好的，更因为他的观点和原则受到普遍推崇。"然而，布隆代尔所特别强调的上述观点正是波希维奴所深刻怀疑的。波希维奴看待建筑问题的出发点是"神圣历史"观念或"圣经史观"。建筑师约翰·舒尔泽（Johann Jakob Scheuchzer，1672—1733）曾做过一本图画版的《圣经》，在其中涉及到建筑部分的篇章中，对建筑规划、测量、建造等环节都以细致的图形进行了直观化表达。与此相类似，在关于建筑起源的问题上，波希维奴的观念就是建立在《圣经》所描述的情境之上的，所罗门神庙被视作建筑之起源与原型，由此，建筑的原始经典范本应该是那些耶路撒冷神庙。波希维奴对维特鲁威风格并不完全排斥或否定，但认为其并不具有布隆代尔所推崇的那么高的地位，认为维特鲁威的风格已经在所罗门神庙等建筑中早已有所显示了。持此种观点的并非波希维奴一人，还有大量建筑史学家也肯定了所罗门神庙的地位和《圣经》对于人间建筑之起源的意义。

"建""筑"与"建筑师"

从上述有限的若干人物及其文本的对比中不难看出，巴洛克时代的建筑师和思想者们对于巴洛克建筑的理解是纷繁各异的，这正是中世纪之后经过文艺复兴之洗礼的人们所拥有的总体精神状态，"建"与"筑"的问题在这里不是被简单地理解为"营造"，而是被理解为"创造"，其中既包括了对世俗之人的主体能动价值的强调，同时也指涉着神学意义上的"创世"含义。上述这些思想和观念，既是对当时已有的建筑实践的简要总结，也对稍后之建筑实践的发展产生了深远影响，这种影响首先并不是直接表现在建筑物品上，而是表现在作为建筑物品之创造者的建筑师们身上。

　　大致从巴洛克时代开始，"建筑"才成为一门相对独立且成规模的"专业"或"职业"，并且在"师"与"学徒"或"匠人"之间有了比较清楚的区分，"建筑师"才成为了一个职业化的社会存在，成为一个正式的社会身份，并且与宫廷和教廷有着紧密的业务关系，拥有较高社会地位。这意味着"建筑师"一词的技术含量与文化含量都大大增强了。在建筑师们实践与思考的基础上，大量关于"建筑学"的文章、图纸、书籍出版流传，多所对当时和后世影响深远的教研机构得以成立，其

室内场景（左图）
法国波尔多大剧院中的楼道，建于1777—1780年。

建筑外景（对页图）
西班牙马德里圣贵尔南德医疗院的门头，约建于1726年。

室内场景

德国布吕尔奥格斯图斯堡城堡中的阶梯，是德国
建筑师巴尔塔萨尔·诺依曼 1741—1744 年的作品。

中著名的包括：罗马的圣卢卡学院，建于 1557 年；巴黎的法兰西学院，由法王路易十三（Louis XIII，1601 年至 1643 年在位）的首相兼枢机主教阿尔芒·黎塞留（Armand Jean du Plessis de Richelieu，1585—1642）设计，建于 1634 年，初为文学院，旨在编制关于字典、语法、诗律、修辞的辞典各一部，以弘扬法兰西语言和文化，建立次年，法王下令改为法兰西学院；巴黎的法兰西绘画与雕塑学院，建于 1648 年；巴黎的皇家建筑学术院，建于 1671 年，等等。

这些机构培养出了大批建筑工作者，划定了若干建筑实践标准，大力推动了建筑知识体系的建立，并且其影响力超出了西欧地域范围：为建造圣彼得堡，俄国的彼得大帝从西欧延请了数量众多的建筑师到俄罗斯工作，其中有些人甚至被任命为宫廷建造师，如罗伯特·柯特（Robert de Cotte，1656—1735）、巴尔塔萨尔·诺依曼（Balthasar Neumann，

钢笔画

德国建筑师巴尔塔萨尔·诺依曼。生于捷克波希米亚一裁缝家庭，1711 年移居维尔茨堡，曾随其教父在一铸造铺当学徒。后入伍，成为火炮工程师，在修建城堡的过程中获得对于建筑修建和装饰的知识和手艺。1714 年成为维尔茨堡亲王的御用建筑师，1717、1718 年在维也纳得到希尔德布兰特等人巴洛克建筑风格的影响。1719 年开始设计亲王－主教的新府邸，尤以修建宏大的台阶著称。他最后负责了维尔茨堡和班贝格的所有主要建筑计划，包括宫殿、公共建筑、桥梁、水系以及许多教堂。他是德国最杰出的巴洛克艺术风格大师之一，他善于利用穹顶和拱顶创造出一系列圆形和椭圆形空间，通过巨大的窗户透入的光线呈现出一种奇妙缥缈的景象。由于奢侈地使用了石膏、涂金、雕像以及壁画等装饰，进一步加强了这些元素之间生动明快的相互作用。为志纪念，1996 年的德国马克上曾印有其头像。

建筑外景

俄罗斯圣·彼得堡的斯莫尔尼大教堂，由设计师弗朗西斯科·巴特罗缪·瑞斯特利设计，是俄罗斯巴洛克风格建筑的典型代表。

1687—1753）、卢卡斯·希尔德布兰特（Lucas von Hildebrandt，1668—1745）等，均是当时欧洲的著名建筑师。事实上，当时的建筑师们基本可以在西欧各个国家或王室之间自由流动，这促成了巴洛克建筑在更广范围内的传播，加强了其国际主义特征。

巴洛克时代的"建筑师"所需具备的知识已经相当复杂，理论层面上包括算术、几何、机械以及营造、透视等；实践层面上，最重要的是需懂得测量技法，其中包括总体性的测量方法和对建筑工地上随时可能出现的各种细节问题的处理方法，以及与设计制图有关的技术，其中包括平面图、投影图的绘制以及房间进深或开间的规制等。通俗地讲，要成为巴洛克时代合格的建筑师，需具备"理论"加"实际"的双重能力。这是一种立体化的能力，而建筑本身就是一种立体化的存在。

自学成才的建筑师们

从 15 世纪开始，罗马城进行了大规模扩建，这种情形在其后的两个世纪中一直不曾停止，这为建筑师们提供了绝佳的工作机会，吸引很多建筑师从各地来到罗马。当然这一现象反过来说也大致成立：如果没有当时那么多建筑师的存在，罗马城可能很难完成那样大规模与那么高水平的拓展。在巴洛克时代，要想成为一名有竞争力的建筑师并不容易，首先需要学习泥灰瓦匠技术、绘图、雕塑等基本问题，另外还需到建筑工地去锤炼对实践问题的把握能力。一个人在成长为建筑师之前，一般

室内场景（对页图）
由设计师弗朗希斯科·巴特罗姆·瑞斯特利设计，位于俄罗斯圣·彼得堡的卡斯科伊·赛罗宫殿内的装饰细节。这是当时比较富有俄罗斯地区巴洛克风格的装饰，也体现了设计师瑞斯特利的设计风格——宏伟的气势、明亮的色彩、充足繁复的镀金装饰。

需先从辅助匠人做起，待经验和技术达到一定程度之后，方得以进行独立设计、建造或监造。有些人或许终生都未能成为独立建筑师，而只能追随其师傅或别的合作者参与建筑设计。

对于建筑领域来说，巴洛克时代是一个似有规制又无甚规制的时代，有一定的规范性和机制性，但是又不太强。相对于绘画和雕塑来说，建筑师们比较成系统和成机制地学习和训练出现得较晚，譬如在当时为数很少的学术型机构之一的罗马建筑学院，在17世纪下半叶才开始设有建筑设计方面的课程。因而巴洛克时代的建筑师们在很大程度上是自学成才的。最基本的自学材料有两大类，一是历史上留存下来的经典建筑实例，这在罗马表现得最为集中；二是前人留下的有关重要文本，比较重要的包括前面提到过的维特鲁威、阿尔贝蒂、帕拉迪奥等人的作品。在更多的时候，"实例"与"文本"这两类材料可以合二为一，因为很多经典历史建筑实例的设计者本身也就是某些重要文本的作者，"实例"与"文本"之间相互诠释，正好方便后人自学钻研。此外，对经典绘画作品的研读也是必要的，一方面是因为壁画、穹顶画等都是巴洛克建筑实体空间所必不可少的元素，另一方面是因为前人经典画作中也多有对建筑空间的表现，从中可以直接了解建筑本身。

在巴洛克风格刚刚成型的17世纪早期，所谓建筑师的社会身份与职业身份都还具有较大的不确定性和模糊性。在文艺复兴盛期，由于中世纪行会制度的逐渐解体以及建筑向古代资源与元素的回归，建筑中的重点问题首先不是技术或技巧问题，而是设计的品质问题，这一点又在很大程度上依赖于设计者是否对历史有所了解、理解，以及有着怎样的

室内场景（对页图）

意大利都灵的圣洛伦佐教堂圆屋顶内部装饰，由设计师古阿里诺·古阿里尼设计。其顶部近似于八边形穹顶，其形成是基于八个相互交叉的拱券和带有八个窗户的穹顶基座。穹顶内明亮，而教堂下部昏暗。

室内场景（左图）
德国维尔腾堡本笃会修道院中的穹顶，是德国画家和建筑师考斯马思·阿萨姆1716年设计的作品。

建筑外景（对页图）
意大利罗马的特勒维喷泉。

了解和理解等，文化素养与专业技巧两方面均深厚、精致者才能做出好的设计，拉斐尔与米开朗基罗等人就是这样。当然，这两个天才的身份首先都不是建筑师，但在巴洛克时代，建筑与雕塑、绘画之间是越来越紧密的相亲相容的关系，它们都被纳入到了"总体艺术"的大框架之下。

　　从16世纪下半叶至18世纪中期的这段时间里，建筑师们的工作不仅包括建造教堂、宫殿等，还包括军事工事、道路等的建造，这些

工程的复杂性程度与社会性程度都比较高，由此也凸显出建筑师们的工作并不仅仅是一个工程技术问题或自然科学问题，还包含了对于社会公众生活之诸多问题的责任与担当。或许正是由于这种原因，建筑师的价值与意义才越来越受到认同，其所具有的社会地位也较以前有了明显的提高。

巴洛克时代的建筑师们一般都不是自由从业者，而是基本都要成为王室、教皇、主教、贵族或其他个人或组织的雇佣者或合作者。建筑师在一个主人处的任职一般都是非终身制的，双方都可以提出中止合作关系，建筑师也可以同时为不止一个主顾工作，由此获取更多的收入。对于在王室和教廷中任职的建筑师来说，他们除了定时领取一定的工资之外，还可以在具体建筑项目上有所收入；此外，在一定的赋权限度之内，建筑师还可以相对自由地使用宫廷或教廷中的一些物品和服务，如服装、酒水、马匹、木料、仆人等。

“主仆”间的游戏

对于巴洛克时代的建筑师来说，找到一个好的主顾是至关重要的，由此也导致建筑师之间常常会有十分激烈的竞争。如果某个建筑师的主顾是教皇，或者后来成为了教皇，这就意味着其建筑事业将会得到前所未有的拓展。巴洛克时代的很多重要建筑项目都是由教皇发起的，其目的或者是为了彰显其权力，或者是为了将其头脑中的若干宗教信念铸造为可见可触的现实。在不同主顾或不同建筑师之间，针对同一个建造项

室内场景（对页图）
凡尔赛宫礼拜堂，这个礼拜堂位于皇宫北侧，中间高，周围环绕低矮的券廊，在彩绘的拱顶上有高侧窗，提供充足的光线。

目而发生激烈争夺的情况并不鲜见，譬如 1742 年法国在重建圣阿波利奈尔教堂时，在红衣主教阿卡维亚和阿尔巴尼之间就发生了这种"争斗"，他们都希望这一项目由自己雇用的建筑师负责建造。争执的结果是阿卡维亚获胜，其雇用的建筑师费迪南多·福迦（Ferdinando Fuga，1699—1781）成为该项目的负责人。

这一事件显示出两种含义：一方面，巴洛克时代的建筑师与其主顾之间的关系有时候是非常亲密的，甚至主顾们会将他的建筑师"随身携

建筑外景

四喷泉圣卡罗教堂建筑正面，是意大利巴洛克风格建筑鼎盛时候的作品，由天才设计师弗朗西斯科·波罗米尼设计，是罗马教区小教堂中最大胆、最新奇、最富有想象力的作品。

家具

木构镀金椅，18世纪在威尼斯总督保罗·雷尼尔家使用。当时的威尼斯艺术风格仍以巴洛克为主。这是一个雕刻精致的镀金木作餐椅，其盾形椅背以小天使塑像及其他涡卷花式镶边，凳面则由红色的印花丝绸层层包覆而成，显得富丽堂皇。

带"，如教皇本尼迪克特十三世（Benedict XIII，1725—1730）即位之后，就将其原来雇用的建筑师菲利波·拉古奇尼（Filippo Raguzzini，1680—1771）从贝内文托带到了梵蒂冈，并安排其负责多项重要建筑项目；另一方面的含义是，当时建筑师之间竞争的激烈程度是超乎想象的，竟至在以共同服侍天主为生命之最高目的的主教之间也会为此产生"对抗"。不过换一个角度来说，对于主教们而言，建造教堂本身就是在服务天主，因而争抢"建造权"在一定程度上也即意味着在争相恐后地向天主表达信义。但对于建筑师们来说，争抢"建造权"问题则就没有这么深厚的含义在其中了。对此，建筑师詹姆士·吉布斯（James Gibbs，1682—1754）曾在1710年描述说："相互角逐的建筑师如此之多，他们相互嫉妒，恨不得对手死了才好。"

建筑外景（对页图）
圣伊沃教堂建筑外观，由弗朗西斯科·波罗米尼为罗马大学设
计的小教堂。它位于建筑院落中，是典型的巴洛克复杂性设计。

　　建筑师之间固然存在着这样的不和谐，即使在建筑师与其主顾之间，有时也会发生一些不契。很多巴洛克建筑从有了设计图纸到真正建成，当中要经历很多年，而主顾们很多时候是等不起这么长时间的，就此，德国文学史家理查德·阿勒文（Richard Alewyn，1902—1979）将巴洛克时代的文化称为"没有耐性的文化"。很多主顾常常会对建筑师提出的设计方案施加干预，有时甚至全盘否定建筑师的设计方案，直至最终解除合作关系。但这毕竟属于比较极端的情形，相对较少见。更多的情况是一个项目的设计方案难以一锤定音或其实际建造过程难以快速完成，会被反复变更、修改，这其中的缘由，有时是出于"没有最好、只有更好"的精益求精的态度，有时则是由于想法或意趣的临时改变，或者是由于建筑项目的负责人、赞助人变换了，譬如前任教皇去世之后，继任教皇继续建造同一个项目，但具体想法与前任有所不同，就要求修改原方案；更为极端的情况是，后人根本不想再继续完成前任的建筑计划，结果便导致了"烂尾"工程。

　　对于主顾们来说，建筑师之间的激烈竞争为他们提供了更多的遴选余地。"竞争"的结果之一是导致了"竞赛"的出现。当时建筑师们展示其作品构思的最基本手段是绘制建筑草图，主顾在为一个项目遴选建筑师时，会通知多个建筑师来应征竞聘，但只对其中入选的那一个给予报酬。对于建筑师们来说，自己的设计方案在应征过程中要竭力避免被竞争者看到，包括设计图纸的传递或运送也常常要保密，如意大利著名建筑师彼得罗·科尔托纳（Pietro da Cortona，1596—1669）在向巴黎提交其为卢浮宫所做的设计图纸时，就是通过托斯卡尼大公的外交使节

带到法国的；再如，建筑师路易吉·凡维特利（Luigi Vanvitelli，1700—1773）在 1750 年应征那不勒斯皇家宫殿卡塞塔宫项目时，从罗马赶到那不勒斯，到达之后才抓紧绘制图纸然后现场提交。建筑师们对于竞争问题的谨慎态度由此可见一斑。

设计的报酬

尽管建筑师之间的竞争如此激烈，但令人略感奇怪的是，在针对一个项目所提供的设计图纸上，建筑师们往往是不做任何签名的，尤其对于较早环节上的设计草图或初稿来说更是如此，只有到了更靠后的环节才需要签名，这似乎表明后期图纸较早期的初稿更加重要。后人所能发现的巴洛克时期带有签名的设计图纸为数很少，其中多数还是一些不甚重要的项目图纸。直到 18 世纪中期，在设计图纸上标示建筑师签名的情况才比较多见。

巴洛克时代的建筑师们在某一个具体项目上所能得的报酬，受项目规模、技术难度等因素的影响较大。通过有关资料，后人可以对当时建筑师们的报酬水平有一个简单的了解。譬如弗朗西斯科·孔蒂尼在 1631 年为科玛基奥溪谷提供了 25 个地形图，得到的报酬为 12 斯库多（scudi，意大利 16—19 世纪的货币），他为教皇辖地所做的两个较大规模的图纸赢得的报酬是 26 斯库多。到 18 世纪时，对于设计图纸所得报酬或者应得报酬问题的讨论日渐增多，对于由此引起的纠纷，当时常常通过"专

建筑外景（对页图）
意大利罗马的圣安德烈·德勒·福瑞特教堂外立面。1653 年由弗朗西斯科·波罗米尼设计。波罗米尼将各种不同的元素统一于整个建筑中，从而来表现新的精神和人所存在的特征。特别是独立式的钟塔，其形式、用料与主体建筑不同，但结合在整体中，则可以从不同角度欣赏结合的美。

建筑外景
德国慕尼黑西北郊的宁芬堡，建于 1664—1728 年，是德国著名的巴洛克风格建筑。

家"仲裁的方式解决，譬如在 1751 年，建筑师尼古勒蒂认为他为庞菲庄苑所做的 21 张设计图纸应得 300 斯库多的报酬，但实际只得了 120 斯库多，最终也是通过仲裁而得到解决。虽然所得报酬与预期的有着不小差距，但通过建筑师们的申诉与努力，相对于建筑"施工"而言的建筑"设计"本身的价值得以确立，"设计"不再仅仅被视作服务于"施工"的手段，而是包含了独立的创造性价值，是建筑师们智慧与才华的体现。至 17 世纪下半叶，这一点就更加凸显了，"设计"能力被视作建筑师所应具备的最重要的才智之一，是当时从事建筑建造的工作者中，"匠"人与"师"者的核心区别，这一点在当时罗马最重要的学术机构圣卢卡学院中也得到了确认。

对于建筑文明的发展来说，巴洛克时代是一个具有转折性含义的时代，正是从这一时期开始，"建筑"问题越来越多地凸显专业化、职业化、人文化、科学化等含义，"建筑师"也越来越成为一个具有重要社会性含义的人群。如果说天主或上帝创造了整个世界，教廷或教会是神之"大脑"与"心灵"在俗世的映现，那么"建筑师"则是上帝之"手"在人间的体现。他们在神意的安排下，尝试创造建筑这整个世界的一部分，而且是相当重要的一部分，因为它对于人之"灵"与"肉"来说都不可或缺。

二维变奏曲

一个建筑体在问世之前，首先会表现为建筑师头脑中的某种意象与构思，然后将其外化为图纸或模型，在此基础之上形成建筑物品。所以，巴洛克建筑在欧洲的风行，不仅存在于建筑实体的规划、建造与涌现中，而且首先表现在有关图纸绘制和模型制作的过程中，表现在"建筑意"之中。

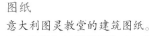

图纸
意大利图灵教堂的建筑图纸。

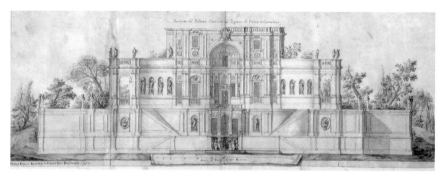

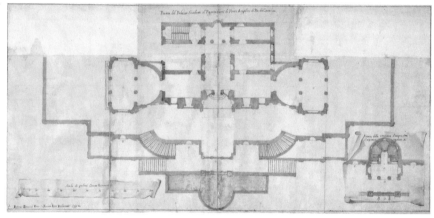

图纸
意大利罗马萨切梯庄园透视图及平面图。

　　阿尔贝蒂认为设计图本身是一种精神性的概念表达，通过图纸，设计师的若干内在世界得以投射到外部空间。好的设计图纸要能够使人看了之后在头脑中建立起关于未来建筑实体的清晰影像。为了让设计图尽可能地生动形象，建筑师在制作图纸时也往往会适当地描绘出主体建筑周边的环境地形以及动植物或人物等元素。巴洛克时代建筑图纸的"问世"方式基本都一样，一般都是在一个平面化的媒介之上施以几何元素来构成、表达。根据欧几里得几何学，可用的基本几何元素主要有点、线、面、体四种，所谓制图也就是在纸或木板等载体上使用这些元素进行描绘和表达。

巴洛克建筑风格突出动感、立面的凹凸变幻以及结构上的视觉纵深和开阔感等，这些特征都给图纸的设计表达增加了技术难度。如何以合适的投影法在平面媒质上表达出上述特征，是一个很重要的专业问题。16—18世纪，建筑图纸中的透视表达问题变得越来越重要。阿尔贝蒂将透视法视为适用于传统绘画领域的一种专有手法，他主张在建筑设计图中尽量避免使用透视法。但1567年另一位建筑师彼得罗·卡塔尼奥（Pietro Cattaneo，1510—1574）提出了相反的意见，强调透视化表达在建筑设计中的重要性，认为透视法与对物体的三维表达问题紧密相关，人们借助透视手法可以改进对于图纸的理解效果，令图纸或建筑实体显得更加生动活泼。

意大利雕塑家、建筑师乔瓦尼·洛伦佐·贝尼尼（Gianlorenzo Bernini，1598—1680）可能是唯一一个在设计草图时就积极使用透视法

肖像画

17世纪意大利最伟大的巴洛克艺术大师乔瓦尼·洛伦佐·贝尼尼生于拿波里，其父是一位雕塑家。贝尼尼天才早慧，又极为勤奋，不久便自立门户。他潜心学习梵蒂冈的古希腊罗马大理石雕刻品和16世纪初文艺复兴盛期的绘画。贝尼尼是十分虔诚的天主教徒，相信宗教艺术应该明白易懂而且写实，要从情感上激发虔诚，这些想法充分反映在他的作品之中。他塑造的人物总是处于激烈的运动中，给人以一种轻快、活泼和不安的感觉，具有十分强烈的戏剧性，显示出巴洛克艺术的综合性、豪华性、装饰性、戏剧性等特点。他的组雕《阿波罗和达芙妮》为他赢得了整个罗马的赞美，之后他受教皇之托，为圣彼得大教堂建造了豪华的青铜华盖，这是雕刻与建筑紧密结合的作品，充分显示出贝尼尼一心为宗教服务的思想。贝尼尼最伟大的建筑艺术成就是圣彼得大教堂前的广场柱廊，它气势宏大，富于动感，与米开朗基罗的大教堂圆顶相呼应，使之成为罗马最壮丽的景观。祭坛雕塑《圣德列萨祭坛》是贝尼尼最杰出的雕塑作品，体现了他的人文主义思想，反映了人的尊严、理想和对美好生活的追求。

的建筑师，他认为建筑体之"是"（实际上是怎样的）与"视"（看上去是怎样的）是两个不同的问题，并且两者之间不存在谁高谁低的问题，因而可以分别成立，没必要肯定"是"而否定"视"，或者相反。从一定角度来说，这也可以说是建筑体之"科学性"与"艺术性"两者之间的关系问题。不同的人对于这两者的关注点也是不同的，建筑师主要关注"科学"，即"是"的方面，而普通人或建筑作品的最终使用者则一般更多地关注身居其间的直接感受，也就是"艺术"，即"视"的方面，两者各得其所。所以贝尼尼认为两者均可独立确立其各自价值。针对这一问题，在红衣主教马菲奥·巴贝里尼（Maffeo Barberini），即后来的乌尔班八世（Urban VIII，1623 年至 1644 年在位）和其建筑师卡罗·马代尔诺（Carlo Maderno，1556—1629）之间还发生过争论：马代尔诺在1613 年公开发表了他为圣彼得教堂立面所做的设计图，从图上所看到

图纸
意大利都灵大教堂的内部十字形部位和唱诗台的透视图。

图纸
菲利波·尤瓦拉绘制的意大利都灵苏佩尔加大教堂的透视草图。

的教堂局部景象与在实际地点处所能看到的景象很不一样，这引起了巴
贝里尼的质疑。在答疑的复信中，马代尔诺做了若干解释，主要论及设
计图与施工图和效果图之间的联系和区别、图纸与实体之间的比例关系、
同一张图纸对于建筑师和普通人来说含义也有所不同等问题。

预见性转化

或许正是由于在平面媒质上表达立体建筑常常会出现上述问题，所以建筑师们便越来越看重立体模型对于更好地表达其设计构思的作用。譬如意大利著名巴洛克建筑师弗朗切斯科·波洛米尼（Francesco Borromini）就常常采用蜂蜡和粘土等材料来制作设计模型，对他来说，制作三维立体模型的主要目的并不在于让他的主顾或普通人对其设计构思能有更为直观的了解，而首先是为了他自己能够更好地表达其构思，甚至模型可以帮助他进一步完善构思。当时曾有评论者菲利波·鲍迪努奇（Filippo Baldinucci，1624—1696）评论说，波洛米尼以自己之手，以"软"材料制作建筑模型，它们对于完善其设计作品而言具有很"硬"的助力作用。除了波洛米尼惯用的蜂蜡、黏土等材质外，常用于模型制作的材料还包括各种木材、硬纸板等。

对于很多较大规模的建筑项目来说，制作立体模型几乎是一个不可或缺的环节。一个建筑师能否最终获得一项委任，有时候也取决于是否提供了合适的三维模型，以及模型所体现出的建筑效果是否具有竞争力。1732年，在专为拉特兰诺的圣乔万尼教堂的新立面设计所发起的遴选竞赛中，有三个应征方案初步入选，其中，建筑师亚历山德罗·加利莱（Alessandro Galilei，1691—1736）和卢多维科·萨希（Ludovico Rusconi Sassi，1678—1736）的两个方案提供的就是立体模型，另一个来自凡维特利的方案则只是提供了平面图纸，后来在主办方要求之下也制作了立体模型，以利于将三个方案置于"同等条件下"进行评判。由此可见立体模型之重要。

模型（对页图）
意大利都灵苏佩尔加大教堂木制模型，由菲利波·尤瓦拉和卡罗·乌戈里恩戈制作。

模型

英国建筑师吉布斯设计制作的"田
野中的圣马丁教堂"木质模型。

　　模型的好处在于不仅能提供直观的造型效果，而且也能直接体现建
筑材料，也便于对建筑成本等问题给出相对准确的估量，这对于主顾来
说是需要考虑的重要问题。此外，对于强调动感、曲线、凹凸面、外表
装饰效果、"整体艺术"理念的巴洛克建筑来说，只通过纸上或平面图
纸是难以充分表达其最终效果的，因而以立体模型来表达就显得尤其重
要了。由于巴洛克建筑特别强调色彩的重要性，所以建筑师们在关于颜
色使用问题上也逐渐发展出了一套公认的色彩表达语法，例如墙壁一般
标示为红色，木质部分则一般做成黄褐色，表示水的部分一般标示为蓝
色，土地则一般处理为黑色。这种色彩语法在法国建筑师对于军事类建
筑的设计中尤为多见，但在罗马运用得不是很多，这大概是由于"教皇

国"中并不需要太多的军事性建筑，也没有一个相对专门化的军事建筑设计师群体，对这方面的设计不如法国那样重视罢。

二维的图纸与三维的模型，是建筑实体在真正问世之前的最重要的体现形态。对于巴洛克时代来说，二维建筑图纸并不是什么新鲜事物，但对其进行比较精致化和精确化的表达，是在这个时期才较大规模实现的；相对于二维图纸来说，三维模型算得上是一种较新的事物，这与文艺复兴之后，随着透视表达法的推广而引起的人们对于立体空间感的强调有关，同时也与教廷或世俗宫廷对于建造之"预见性效果"的要求之提高、建筑师彼此之间竞争之需要有关。而在二维图纸与三维模型之间，当时还存在着对于"建筑意"的另一种表达，它较之普通二维图纸更为复杂，含义更为丰富，但又并非实体化的三维模型。这就是"建筑绘画"。

模型
俄罗斯圣彼得堡斯莫尔尼宫的全景模型。

衍生品：建筑绘画

巴洛克时代，以建筑体为表现主题的架上绘画（或简称为"建筑绘画"），主要并不是被作为设计基础或建造指导来使用的，而是被视作对于"建筑"或"空间"问题之理解的一种表达途径，同时也被作为一种特定的装饰类型，供于室内贴挂美化之用。这类绘画较早地出现在意大利和尼德兰等地区，后在法国和德国等地也有所发展，但在英国和西班牙地区相对少见。

作为一种特殊的绘画类别，建筑绘画在 17 世纪初获得了相对独立的艺术地位。这一时期的欧洲艺术市场运作形式发生了一些重要变化，除以前占主导地位的"雇佣—预订"模式——主顾有针对性地征召绘画者或设计者为其提供作品——之外，出现了越来越多的"制作—销售"模式，即绘画者或设计者先行制作、生产出作品，在市场上供需求者随机购买。

绘画
《纳沃那广场的庆祝活动》，1729 年由意大利画家帕尼尼绘制。

相对于以植物花草、人文故事等为表现题材的常见绘画作品而言，建筑绘画的表现重点放在了建筑体的历史风格（"时间—动态"层面）、结构原则（"空间—静态"层面）、透视景观（"科学—生活"层面）等主题上。建筑绘画的实际功用之一，是作为墙壁或空间装饰的材料，其所特有的上述这几个主题特征，有助于使墙壁表面获得更加多样化的视觉效果，提高建筑空间的装饰性，这也正是巴洛克风格所致力于体现的目标之一。

建筑绘画的第一个繁荣期是在 17 世纪后半期，经过大约一个世纪之后，出现了建筑绘画的第二次繁荣，其代表人物有乔瓦尼·帕罗·帕尼尼（Giovanni Paolo Panini，1691—1765）、乔瓦尼·皮拉尼斯（Giovanni Battista Piranesi，1720—1778）、乔瓦尼·加纳莱托（Giovanni Antonio

Canaletto，1697—1768）、贝尔纳多·柏罗铎（Bernardo Bellotto，1721—1780）等，他们创作的建筑绘画深受上层人士青睐。

　　建筑绘画的主要功能之一是充当"壁纸"，在增加室内空间四围视效变化之多样性的同时，往往还可以增强空间的开阔感。其常见的使用场所包括客厅、廊道、教堂或宫廷的特定空间等。多数建筑绘画师们并非精于实际施工的建筑师，但很多画师都曾向建筑师学习过透视表达法。当然，更多的学习途径则是依赖于对理论文本的研读。

绘画
《巴黎的纪念》，由法国画家罗伯特绘制。

画中的建筑及遗迹

在建筑绘画中经常出现的主题场景包括罗马讲坛、大斗兽场、康斯坦丁凯旋门、丘比特神殿、圣马克广场，以及安康圣母教堂等。这些都堪称古典建筑中的"大"作品。但在建筑绘画中，这些"大"作品在具体表达上却可能被做出相反的安排，例如将原本"大"的元素表现得很"小"，或者是相反。装饰问题也是重要的方面之一，建筑绘画在表达中一般都将装饰视作建筑体之固有的一部分，一方面是由于巴洛克建筑本身即带有厚重的装饰元素，同时也是因为对于建筑绘画而言，建筑的装饰部分往往最能体现画师的画功、想象力以及技法和构思上的创新性，因而也是衡量建筑绘画之艺术价值的重要参考点。此外，就建筑绘画作为墙壁装饰手段而言，也需要尽量多地含有装饰元素，以彰显其装饰效果。巴洛克时代被誉为戏剧化的时代，世界犹如一个大舞台，各人在其中尽情展示自己的喜怒哀乐，其实这不仅仅是一个比喻，同时也是对现实中艺术人士的某些行为的真实写照：1720 年左右，英国戏剧制作人欧文·麦克斯维尼（Owen MacSwiny，1676—1754）到威尼斯和博洛尼亚，为一个以"隐喻之墓"为主题的戏剧作品寻找场景画师，最终请了三位分别描绘人物、风景和透视场景，其中自然不会缺少对建筑元素的描绘。

对于建筑遗迹的描绘，也是建筑绘画中常见的主题。在这类作品的画面前景中，最抢眼的往往是建筑体或雕塑体的残片断块，同时或有残破的拱廊、柱子或圆厅等典型元素。这类绘画的代表人物有米兰尼斯·吉索尔菲（Milanese Giovanni Ghisolfi，1621—1683）和阿尔伯特·加利利（Alberto Carlieri，1642—1720）等。建筑体的残片断块本是死气沉沉的东西，但在一些建筑画作中，尤其是在那不勒斯学派的画笔之下，这些残败之物却被表现得似乎具有了生命，与生长中的花草植物、运动中的水浪波涛、行走或舞蹈中的人物等元素呼应起来，典型巴洛克韵味跃然于其中。另一个重要的建筑绘画类别是城市景观画。这类绘画已经与类似城市规划效果建筑图样比较接近了。

相对于二维设计图纸和三维模型来说，建筑绘画的优点在于具有更高的"全息性"，譬如其所描画的建筑体的色彩可以更加多样和鲜活，同时可以将建筑体的周边环境以及建筑体本身可能具有的更多的意象性含义传达出来，而借助于透视法，其画面中建筑空间的立体感也可以得到较好的表达，对于教廷或宫廷等巴洛克时代之最主要的建筑发起人来说，建筑绘画也是他们借以了解建筑最终效果的重要形式。经由观念、二维图纸、三维模型、建筑绘画等环节，一个"建筑意"便得到了比较周全的表达与设定，一个空间实体便呼之欲出了。

绘画
《罗马废墟》，由法国建筑师、建筑绘画师塞万多尼绘制。

1600—1750
熠熠生辉的细节珍珠
巴洛克风格（下篇）

宗教的"企图"

　　引发巴洛克建筑大规模涌现的第一动因是宗教因素，对于这一点前文已经述及，在此可再举一个巴洛克绘画作品作为这一问题的注脚：画师卡拉瓦乔（Michelangelo Caravaggio，1571—1610）于1607年为装饰多米尼克教堂创作过一幅布上油画，表现的是圣母玛利亚授蔷薇花予圣多米尼克（St. Dominic），并命他将蔷薇分发给其他人，并教导大家如何使用。这一画作深受天主教权系统的重视，因为其画面突出了强烈的等级感，例如圣母高高在上，使徒居中，普通信众则匍匐于地上；还有，圣母不将蔷薇直接授予民众而是通过使徒居间分发，也暗示着普通信众无法与神直接慧通，必须借助教会等中介。这些含义都非常符合天主教"反宗

教改革"的基本精神。卡拉瓦乔还为装饰波波洛广场上的圣玛利亚教堂而于1600年创作了两幅布面油画，分别是《圣保罗归宗》和《十字架上的圣彼得》，前者表现的是曾经领导迫害基督徒的大马士革总督因耶稣圣灵而从其马上摔落在地的情形，后者表现的是圣彼得被罗马皇帝尼禄的手下缚上十字架的情形，突出了神灵护佑下的圣彼得的抗争及其对手的费力和无奈，最具象征性意味的是画面中四个人恰恰交叉构成了一个十字架的形态。两幅作品都突出了光影对照的效果，看上去如剪影一般，以明亮的光来暗喻圣灵和神的力量，背景的黑暗则象征着世俗甚至恶俗世界。

存在于教廷与世俗之间、"宗教改革"与"反宗教改革"之间的张力，从两个指向上对宗教建筑的发展都助力甚巨。耶稣会、三一会、奥拉托利会（Oratorians）、基耶蒂会（Theatines）等宗教组织都成为宗教建筑项目的重要发起人（出资人），试图以可观可触的建筑形式来吸引信众，或者引领信众进一步确认某种信仰观念。巴

绘画
《圣彼得大教堂》，由意大利画家帕尼尼绘制。

洛克宗教建筑的最大赞助人无疑是罗马教廷，乌尔班八世、英诺森十世
（Innocent X，1644 年至 1655 年在位）、亚历山大七世（Alexander Ⅶ，
1655—1667 年在位）等教皇都曾发起建造了很多后来被视作经典巴洛克
建筑的作品，其中有的是纯粹宫殿建筑，有的是纯粹教堂建筑，但更多
的是集宫殿与教堂特征于一身的作品。

威望价值重于使用价值

巴洛克教堂一般都突出空间的中央化布局，并使用包括光照、颜色、
灰泥、雕像、壁画、音乐、圆形或球面等诸多手法，来尽量塑造基于繁
复华丽的威仪感。但不同的宗教系统在具体礼拜仪式上也多有不同，从
而对于教堂建筑在结构和装饰方面的具体要求也会有所不同。譬如在信
众与祭坛之间保持多大的距离才合宜的问题上，有的团体认为要远一些，
有的则认为要近一些，这些差异会直接影响到教堂空间结构的确定。但
不管这些具体问题层面上的差异有多大，所有巴洛克教堂建筑的含义指
向仍然是殊途同归的，即为了明确和加强某种信念。对于教会系统来说，
信念问题基本等同于信仰问题；对于世俗宫廷系统来说，信念问题则关
乎王者的荣光以及统治的有效性。

针对巴洛克建筑所强调的繁复装饰问题，一位德国人曾在 1721 年
评论说："普通人一般只凭借其缺乏理性的感觉理解或行事，因而不
能很好地理解王者的权威与尊严。但是通过视觉上的效果，以及由此
而刺激起来的其他感觉，普通人便得以对王者之威严或权力获得相对

室内场景（对页图）
*意大利卡塞塔省雷吉纳地区的伯爵剧院。这是从贵宾包厢看出去
的剧院全景，鲜艳的色彩、华丽的装饰，绘画、雕刻和建筑融于
一体，其奢华繁复的巴洛克风范反映出当时教廷贵族的生活方式。*

明白的认知。"这一说法为建筑中的装饰主义及非理性主义倾向提供了理论基础，为奢华甚至是奢靡提供了理由。对于巴洛克建筑的这一特征，既无法以此前的文艺复兴风格所强调的"庄严"概念来完全描绘，也无法以后来的资本主义框架下的"消费"概念来完全解释，倒是现代社会学者诺伯特·伊利亚斯（Norbert Elias，1897—1990）有一个简单的总结比较到位：对于巴洛克建筑来说，"其所体现的威望价值重于其纯粹的使用价值"。对于王者来说，巴洛克风格的宫殿或都城可以提高其所具有的无上权威；对于宫廷中的朝臣或贵族来说，巴

室内场景（对页图）
法国巴黎苏比斯府邸中的"公主厅"。

家具（右图）
一对巴洛克风格式样乌木箱中的一个，是女性的嫁妆之一，用以珍藏首饰和其他珍贵的东西。以玳瑁、黄铜等为主要装饰材料。出色的镶嵌和打磨工艺令普通的木板整体显得辉煌灿烂。

洛克风格的官邸建筑可以彰显或提升其在宫廷中的地位。伊利亚斯对此还有过评论："在一个任何外在表征都具有很重要含义的社会中，对于上层人士来说，为威仪而投放巨大资源是不可避免的，这是为保持其社会地位而不可或缺的手段，尤其是当某种大环境中的所有成员都被卷入无法停止的争名夺誉中时，更是如此。"当然，这里面也存在政治风险，譬如路易十四的大臣尼古拉斯·福凯（Nicolas Fouquet，1615—1680）之所以被捕并被判死刑，就是因为其建于1656—1661年

家具

由皮埃尔·戈莱制作的巴洛克风格立式橱柜，其身为乌木质地，以镀金、象牙、玳瑁等镶嵌成花饰等图案作为装饰。

家具

这款安德烈－查尔斯·布勒制作的乌木质地的家具，镶嵌棕色的玳瑁、镀金、黄铜等，来自专门收集布勒作品的沃里克城堡。

间的宅邸沃勒子爵宫造得过于华丽，不但是对法王的不敬，而且是对法王的高贵与威严的直接挑战。

犹如船锚般的巴洛克皇宫

巴洛克时代的很多宫殿建筑，开始主要供王室成员居住，后来逐渐变为政府行政机构的办公场所，往往还被赋予多种辅助功能，如图书馆、剧院、画廊、马厩、卫兵室、宫廷建造师专用厅堂等，甚至有将印刷所、铸币厂等也搬进来的。巴洛克宫殿建筑在细节上讲求恣意与自由，但在总体效果上又着意强调秩序与规训，其目的在于强调社会等级与礼仪规制的重要性，在一定程度上阻滞了社会由权威型向多元型的过渡。不过也有学者认为，所谓"绝对君权"这一概念是把巴

洛克时代本来复杂的政治现实直接简单化了，因为那时候的王者也并非可以任意作为，实际上也需面对很多权力上的限制。但不论怎样，建筑确实体现着在国家权力集中化过程中整个社会所呈现出的某些可触可见的结果。

在巴洛克时代，皇家宫殿与城市规划之间往往具有很紧密的关系。很多时候，皇宫怎么选址和布局，就决定了一座城市的大体格局。可以说城市犹如船，皇宫犹如锚，锚怎么抛就决定了船怎么停靠。在这个过程中，王者的个人意图往往是决定性因素。例如德国的路德维希堡（Ludwigsburg），针对由建筑师约翰·奈特（Johann Friedrich Nette，1672—1714）于1709年所做的总体规划，向其委派此项任务的宫廷大公就特别要求新城市"要尽可能多地吸引各种贸易人士、制造业人员以及匠人和艺术人士来此定居"，为此他还特别出台了关于房屋使用和税收问题的优惠政策。正是基于这些考虑，该城在规划中特别突出了与商业化和市场化取向有关的空间安排，建造了一个类似于广场的开阔市场空间，周边以拱廊环绕，实用意味与美学意味结合得较好。

不过，德国的路德维希堡其实还只是个不甚重要的项目，巴洛克时代之最重要的非宗教性规划经典案例，当属法国的凡尔赛宫，它甚至一度被认为是欧洲宫殿的终极版本，达到了难以被超越的地位。凡尔赛宫将宫殿、人造园林与自然地貌景观很好地结合为一体，其整体规模极其庞大，俨然一座小城，城内街道布局工整，部分为棋盘型布局，部分为发散型布局，而宫殿建筑体内部的装饰更是极尽繁复华丽之能事。凡尔赛宫说到底是一座"政治之城"或"世界之城"，法王路易十四（Louis XIV，1643年至1715年在位）居于其中，将自己视作光明之神阿波罗

室内场景（对页图）
法国沃勒子爵宫内景，建于1656—1661年。

建筑外景
法国沃勒子爵宫外观。

建筑外景
意大利都灵斯图皮尼吉宫内的狩猎厅建筑正面雄伟的外观和装饰细节。

的在世体现——"太阳王"。为实现并保持这样的信从效果，世俗王权一方面要从文治说服角度进行宣教，另一方面则需以"武功"等实际行为彰显其强大，以求获得敬畏与服从。

折冲反复的城墙

巴洛克时代，欧洲战事频仍，社会动荡不已，其中有些还是历史上极其重要的战事，如普法尔茨继承战争（也称奥格斯堡同盟战争）、土耳其战争、西班牙王位继承战争等。这就导致与军事或防卫直接相关的建筑，就是要塞工事或城堡的大规模建造。如建造于 1697 年的处于德法边境的新布莱扎赫小城本来就是一座防御工事，再如位于德国南部杜拉赫的卡尔斯堡，在 1689 年受到过法国军队的严重摧残，1709年，担任这一区域边疆总督的卡尔三世·威廉（Karl III. Wilhelm von Baden-Durlach，1679—1738）年仅三十岁，无意于在原址重建该城，而打算在莱茵河畔的哈特瓦尔德另造新城。该工程始于 1715 年 6 月，新的规划布局是以一个正八边形的塔楼为中心，以扇形向四周扩展，犹如太阳光辉笼罩着皇家宫阙，象征意味鲜明；卡尔对于新城的期待甚高，认为它应该能够"让灵魂感到宁静与愉悦"，这可以被理解为是专门针对"战事纷扰"而引发的对于和平生活的内心渴望。这座新城后来发展成为卡尔斯鲁厄城（Karlsruhe，名字中的"ruhe"即意为"宁静"）。

饶有意味的是，随着一些要塞建筑的问世，一些城市的老城墙却被

图纸
新布莱扎赫要塞规划图。

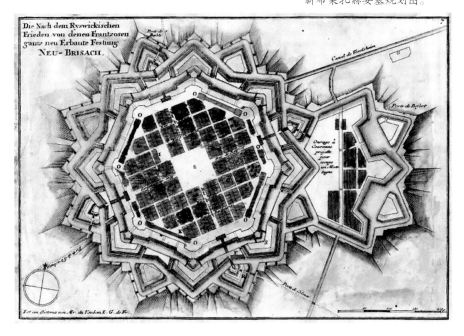

推倒了。在巴黎，城市的扩展通过将很多中世纪旧城墙推倒来取得更多空间，取而代之的新元素是新规划的绿荫大道。巴黎城墙的消失不仅仅是一个城市建筑问题，它还意味着法国在防卫问题上开始从以"城防"为主向以"国防"为主转变，同时也意味着从封闭型城市空间向开放型城市空间的转换。

　　建造要塞或城墙，意味着"封闭"或"障碍"，取消要塞或城墙，则意味着"开放"。这两者的折冲反复，贯穿于巴洛克建筑的全部生命周期之中。在法国，巴黎这座大城的城墙或其他护卫设施被削减甚至取

模型
多米尼克斯·齐默尔曼为一座建筑所做的模型，围合的布局以及高耸的塔楼让整个建筑宛若一处要塞。

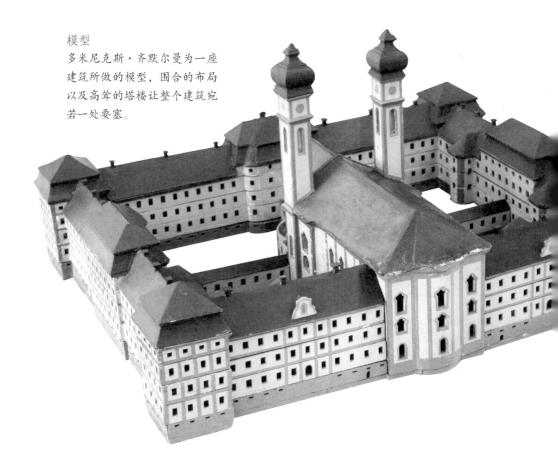

家具
一面典型的威尼斯产巴洛克
风格的彩漆边框镜子，嵌饰
有珍珠母，并镀金，约制作
于 17 世纪晚期至 18 世纪早
期，是一对镜子中的一面。

消了，而凡尔赛宫这座小城的封闭性却依然顽固甚至被加强。但同时，
封闭的凡尔赛本身又处于郊外这种十足开放的环境之中。

弃规则，扬例外

　　巴洛克建筑所盛行的 1600—1750 年，被后世很多学者概称为"巴
洛克时代"。而 17 世纪之前的意大利半岛，在很大程度上还受西班牙
和法国势力影响，至西克斯图五世及保罗五世（Paulus V，1605—1621
年在位）时期，罗马凭借其强大天主教权和世俗力量的双重作用，在
与西班牙和法国的应对中赢得了一定的优势。同时，在与基督新教的
竞逐中，罗马教廷一方面坚决捍卫天主教系统固有主张不可动摇与不
可侵犯，另一方面也有限度地承认部分新教主张的合理性，认可部分

新教组织的合法性，以"妥协"方式将某些新教组织招安，从而减小双方之间的对抗张力，最终维护了天主教在本地域范围内较为强势和稳固的地位。这构成了巴洛克教堂建筑之所以能在这一时期的罗马和意大利大规模涌现的一个基本前提，教廷也成为了延续了 50 年之久的巴洛克建筑风潮的启幕人。这些时政与宗教情势的变迁，导致了早前强调"规则"与"例外"之对比效果的"矫饰主义"日渐黯淡，矫饰主义中的"规则"一面大可不必再予坚持，而"例外"一面则可进一步发扬光大。按照这样的理路对矫饰主义进行改造，正成就了对于巴洛克风格基因的培育。

巴洛克建筑作为一种需要以庞大资财与资材作为经济支撑的艺术形态，在普通市民建筑中并未得到多少现实体现，主要是在宫廷与教廷发起的建筑项目中大行其是；而无论宫廷抑或教廷，出于"统治"的目的，其实又都很看重"规则"的重要性与必要性。在这里，"统治"一词仅仅是一个中性词，表示意在谋求某种统一性的管理行为。就"谋求统一性"这一含义而言，17 世纪的君主王权、教廷皇权等其实与自然科学之目的是一样的，都是在谋求某种统一性：君主谋求的是社会秩序的统一，教廷谋求的是人心观念的统一，自然科学谋求的是外部世界存在上的统一。因此，宫廷与教廷沿着"弃规则""扬例外"之思路对于矫饰主义的改造，其实质并非否弃任何规则，而只是谋求以"扬例外"的形式去确立另一种新的规则：对于世俗王权来说，是谋求建立以法王路易十四自诩为"太阳王"为代表的对于社会及世界的整全式的统治规则；对于天主教权来说，则是谋求在应对"宗教改革"基础之上重新找到一

建筑外景（对页图）
凡尔赛宫中的大理石庭院，始建于 1631 年，建筑立面装饰由路易·勒沃和鲁勒·哈多万－曼萨作于 1668 年。

室内场景

巴黎第六区的圣叙尔比斯教堂内一处祭坛上的雕塑，这尊雕塑描绘了朗格特·德·吉尔神父接受天使引导的场景，吉尔神父曾任职圣叙尔比斯教堂。

种可以更好地服务于天主教核心教义的解释规则与说服规则。关于"规则"与"例外"这种错综复杂的含义，正是包括建筑在内的巴洛克风格艺术所具有的独特历史意义之一。当然，单就意大利或罗马巴洛克建筑而言，其发展与世俗王权问题关系不大，而主要关乎教权系统，尤其是关乎"宗教改革—反宗教改革"这一矛盾性结构问题，罗马最早的以富丽繁华为基本特征的巴洛克建筑，最初就是罗马教廷为应对宗教改革者而有针对性地发起建造的。

会呼吸的建筑群连接体

巴洛克时期，广场这一建筑元素至关重要，多个广场散点式地分布，是巴洛克城市的明显特征。巴洛克精神指导之下的空间观念认为，宫殿、教堂、纪念碑或纪念馆等大型建筑都应该尽可能地少些视觉障碍，力求使更多的视界元素进入人的视野。广场的意义在于"以虚务实"，是城市中的一种空间留白，主要起到一种承纳的作用，同时将不同建

建筑外景
梵蒂冈圣彼得大教堂广场，由贝尼尼主持设计并修建。

筑体之间的空间布局关系凸显得更加清楚明白。1665 年，贝尼尼在对卢浮宫立面的规划中也提出，将某些空间的幅度拓展至卢浮宫高度的一倍半，可以使整个立面显现得更完整。教皇亚历山大七世在建造圣玛利亚堂时，也要求在教堂前面建造一个开阔的广场空间。广场对于城市的意义便不再仅仅是供人们集会活动或休闲的场地，而是一种建筑空间或者说建筑空间的延伸，其功能意义与实体建筑之间的关系被

绘画
艺术家笔下的意大利威尼斯圣马可广场。

雕塑

美第奇家族科西莫一世的青铜骑马雕像作于 1598 年，坐落于领主广场。领主广场是指意大利佛罗伦萨老宫韦奇奥宫前的 L 形场地，成型于 1268 年，1385 年铺设路面，是佛罗伦萨共和国的起源与历史的焦点，也是今天的市政中心。位于广场东南角建于 13 世纪的韦奇奥宫被称为意大利最精美的建筑之一，砖黄色的外墙和锯齿形塔楼统领着广场，其左侧是晚期哥特风格的兰奇长廊，入口处矗立着米开朗琪罗的雕塑《大卫》（复制品）。广场上还有建于 1594 年的海神喷泉、乌菲兹美术馆，及诸多作于 16 世纪的雕塑，堪称露天博物馆。20 世纪 80 年代曾重铺地面，在广场地下发现了考古宝藏及新石器时代遗址。

鲜明地凸显了出来。

广场的另一个重要意义是建筑群体间的连接。当两个建筑体或建筑群之间存在一定的距离而又没有其他建筑或道路作为补充，这一距离就可考虑适当调整，改造为广场。这种情况在欧洲比较常见，这样的广场在建筑体之间不但起到空间联系的作用，也为城市增添了新的元素。这类广场可大可小，颇为灵活，用作一个城市内部新老城区之间的联接或缓冲格外有价值。广场一方面是城市的装饰元素和构成元素，同时也是教廷或王室用来宣示权威的理想场所。在这方面与教廷有关的最明显例子，自然是罗马的圣彼得大教堂广场。而在世俗王室方面，由意大利美第奇家族主导、1594 年在佛罗伦萨领主广场竖立了第一座以统治者科西莫一世（Cosimo I de' Medici，1519—1574）的青铜骑马雕像为中心元素的广场装饰。类似的例子还包括 1596 年比萨在骑士广场竖立了科西莫一世的塑像。这种做法很快就在法国引起了回应和效仿，1614 年在

建筑外景（对页图）
意大利罗马西班牙台阶广场，由意大利建筑师亚利桑德罗·斯佩奇和弗朗
切斯科·德·桑克梯斯设计，广场中的德巴卡西亚喷泉则是贝尼尼的手笔。

"新桥地"和 1620 年在卡瓦利广场，都竖起了统治者的雕像，1639 年
巴黎皇家广场竖立了路易十三的骑马像。除了突出王者形象外，艺术家
和建筑师还擅于在广场及其雕塑中添加古典主义元素，以凸显专制王权
的权威和庄重。不论这些广场是否带有中心雕塑或喷泉等元素，其总体
造型除了有长方形、正方形、圆形、半圆形、八边形，还有椭圆形。这
些广场实例一起构成了某种特定的法国广场样式。但在欧洲大陆之外的
英国，其广场建筑就与法国样式有明显不同，英国的广场建筑大概发端
于 17 世纪 60 年代，一般少有法式的开阔，有时一条较窄的空地之余白
就可以成为一个广场，而附近周边也可能分布有成排的房屋。这种布局
成为后来伦敦很多类似广场建筑的母本。相对于法式广场来说，英式广
场显得更为谦虚，也更为平民化一些。

休闲与欢悦之地

 除广场外，园林与林荫大道也是巴洛克风格中不可或缺的元素。
巴洛克时代的城市园林一般可分为四类：修道院园林、贵族园林、自
然园林、公共人文园林。林荫大道与园林之间的关系极为紧密，两者
有时可被视作同一个空间之不可拆解的组成部分。园林与林荫大道的
出现，在一定程度上改变了人们旧有的日常生活样式，愈加凸显了休
闲的意味，而休闲与欢悦正是巴洛克精神中十分重要的两个方面。相
对于林荫道来说，园林无疑具有更为丰厚的人文含义。对于巴洛克园
林的观照，必须将关注重点放在园林的观看者、使用者、制造者多方

建筑外景
塔尔曼设计的英国汉普顿宫及其园林景色。

之间的交叉互动之上，园林作为"物化存在"与"精神存在"两个维度上的含义都不能有所缺漏。巴洛克建筑的具体表现，首先在于视觉上的吸引和愉悦，进而引起观者内心的钦羡和崇拜情绪，这一论断对于巴洛克园林建筑而言也同样适用。

谈及园林建筑，首先就会遭遇一种悖论："园林"概念天然地具有"自然"含义，它在本质上应是一种"自然事物"；但实际生活中的"园林"一般又都经过了"人工规划"。深藏于"自然而然—人工规划"这一结构中的矛盾性含义，既是促动园林建筑不断探索、更新的动力，同时也为这种探索设置了莫大的障碍。巴洛克时代的园林建筑，从样式上来说可以大致分为两大类，一种是以法国园林建筑为代表的"几何化园林"，另一种是以英国园林为代表的"乡村化园林"。顾名思义，前者更加注重园林的几何形式，后者则更加注重其田园风味。如果用巴洛克时代最典型的两种哲学派别来比喻，"几何化园林"属于"理性主义"一派，其代表人物是勒内·笛卡尔（Rene Descartes，1596—1650），他也正是巴洛克早期法国最重要的哲学家；"乡村化园林"则属于"经验主义"一派，其代表人物是大卫·休谟（David Hume，1711—1776），他正是巴洛克后期英国著名哲学家。两个派别代表了两种美学审判路径。有趣的是，法国园林与英国园林各自的"辉煌"时期，也正与上述两位哲人的生命时期大致相合：注重形式感的法国式园林是 17 世纪巴洛克园林的代表，英国园林则是 18 世纪巴洛克园林的代表。就风格而言，

家具
路易十四时期由安德烈－查尔斯·布勒制作的一款乌木橱柜，以切割过的黄铜、玳瑁和镀金等材质镶嵌，刻画了阿波罗的故事作为装饰，工艺之精湛，堪称艺术品。

前者更加注重基于人工化装饰之上的精致，后者则更加着力于对"丰沛的纯自然特征"的表达。虽然两种园林具有上述差异，但它们彼此之间又是无法彻底割裂的，只是在"人工"与"自然"之间所强调的侧重点有所不同。

纠结难解的精神

　　虽然世人在关于巴洛克及其园林艺术的理解和认定上存在很多争论，但有几座园林是公认的巴洛克式园林，其中包括罗马的阿尔多布兰迪尼庄园和博格塞庄园、俄罗斯圣彼得堡附近的彼得霍夫庄园、奥地利维也纳附近的观景楼庄园、西班牙塞戈维亚附近的拉格岚崖、葡萄牙的波姆耶稣庄园，以及德国的乌尔兹堡附近的维特舒海姆庄园等。这些园林作品在规模、设计以及与当地地形地貌的切合关系与契合方式等方面都有所不同，但它们的共同特征是都以直观和感性的形式宣示着某种威严、压力和权力意志。正是这一共有特征，将它们集结于"巴洛克园林"这一艺术范畴之内。

　　巴洛克时代深深隐藏着一种"纠结难解"的精神，这一点在园林建筑中也有良多体现。巴洛克园林建筑甚至可以直接被理解为一种"纠结性"的空间存在，它有太多方面都徘徊于歧异与汇通之间：统一化抑或多样化、集中化抑或扩散化、凸显结构抑或凸显装饰、注重理性表达抑或感性表达、看重写实再现抑或看重想象隐喻、揭示普全性抑或揭示特殊性……这一系列纠结性问题说到底都源于古典精神与巴洛克精神之间折冲繁复的关系。上述这种"纠结感"，以及由此而导致的"紧张感"，

室外场景（对页图）
俄罗斯圣彼得堡彼得霍夫宫花园中的喷泉。

散见于巴洛克时代所有园林建筑之中，但在处于时代之两端——早期巴洛克与晚期巴洛克——的作品中体现得更为明显。

　　作为巴洛克园林建筑的"先驱"，文艺复兴时期的园林主要是为了满足一定的愉悦需求，并且这种愉悦更多地是对同时包含了"理智"和"情感"两种人文精神的期许。在王室或贵族阶层中，园林艺术一方面显示着其拥有者所具有的审美观念，另一方面也集中代表着某种形式的荣耀，甚至是某种姿态与胸襟。较早的成一定规模的园林建筑，首先是在意大利的罗马、佛罗伦萨、那不勒斯等地有所发展，后来由于法王查理八世（Charles VIII，1483 年至 1498 年在位）对意大利的入侵，以及法国王室与意大利美第奇家族之间的姻亲关系，意大利式园林日渐传至法国。此时的法国、英国、奥地利等奉行的都是绝对君权制，园林建筑

家具
这张乌木质地的写字台有镀金的装饰，镶嵌黄铜、棕色的玳瑁、象牙等，其原样是约 1705 年由安德烈－查尔斯·布勒发明的拥有六足的新样式。

室外场景位于巴黎卢森堡花园内的美第奇喷泉。

被视作体现这种绝对权力的符号与象征。至路易十四治下，法国形成了一种规模浩荡的皇家园林风格，其精神主旨是以任何可以想到的元素去彰显君王的绝对统治力，而且不仅仅是对于社会的统治，还包括对于艺术、知识、花木、河川的统治。从狭隘意义上说，园林建筑的规划和建造属于文化政策范畴，但此时的文化政策无疑已成为君王的政治实现手段。对法国来说，这种政策在巴黎的园林建筑中实现得比较到位，但对外省来说却并非如此："外省不是巴黎"，这意味着外省在精神取向上是可以或可能与作为中央权座的巴黎有所偏离甚至对抗的，这种政治取向也可以通过园林这类艺术手法来予以表达。因而外省的园林艺术与巴黎园艺即便在形式上或许出于艺术本身的因由而有不少相近之处，但在

室外场景

德国汉诺威海伦宫中的花园。

对其社会功能的具体理解上则有很大不同。对于巴黎贵族来说，园林建筑是他们得以向王室表达尊重的一种形式，例如将自家园林与皇家园艺建筑在精神取向上保持一致，但在规模和气概上自降一等或几等。由此不禁令人想到一句话：花木总关情；这一时期的法国园艺建筑，花木所关乎的主要不是人情，而是政情。

庄园里的天堂牧歌

"阿卡迪亚"，原文为 Arkadia，词根 ark 的原意为躲避、避开，后指方舟，adia 指灾亡，阿卡迪亚即指躲避灾难，引申为"世外桃源"。法国巴洛克画师厄斯塔什·苏荷（Eustache Le Sueur，1616—1655）于

1652 年为巴黎的"爱之寓"（cabinet de l'Amour）创作了布上油画《三缪斯》作为室内装饰，画面表现的是分别掌管历史、诗歌、戏剧的三位缪斯女神在阿卡迪亚般的理想环境中悠然休憩的情景。16 世纪时，意大利诗人萨拉扎诺的《阿卡迪亚》一书被广为传阅，被视作重要的宫苑艺术指导性参考书。萨拉扎诺以诗人的观念作为宫苑建筑的参考，正是为宫苑建筑打开了一条新的致思路径：不宜或不必像讨论狭隘意义上的园林那样，纠缠于"自然"抑或"人工"来讨论宫苑建筑，而应该以"诗意"作为新的切入点；"自然"或"人工"主要关乎宫苑的形式，但"诗意"则关乎宫苑之目的、精神或本质。由此可以说，几何化宫苑与乡村式宫苑，都只是在以不同的形式努力实现同一个目

家具

巴德明顿橱柜，1732 年在佛罗伦萨制作完成。这件作品拥有极为精美的"佛罗伦萨马赛克饰面"，采用乌木质地，镶有仿金铜箔，两片佛罗伦萨马赛克饰面的嵌板背面注有工匠巴乔·卡佩利的签名，橱柜顶部的仿金铜箔塑像为四季女神，由吉罗拉莫·提恰蒂制作。

的。萨拉扎诺的《阿卡迪亚》，所指的也正是一个绝对完美的宫苑经典，一个远古时期与世隔绝的拥有牧歌式生活的理想空间，而宫苑对于人们（尤其是城市人）之生活的意义，正在于它可以为人们提供一个指向这般理想空间的引导性存在。

然而巴洛克时代算不上是阿卡迪亚般的时代，巴洛克城市也远远算不上阿卡迪亚式的空间，虽然其中并不缺少阿卡迪亚式的情怀，不缺少指涉牧歌式生活空间的构成元素。庄园即是巴洛克城市空间中的这种元素。当然，巴洛克时代，人们囿于技术，在自然开发能力方面比较有限，城市或建筑的牧歌化程度不会太高；但所谓"牧歌生活"概念可能更多地表征一种生活情怀或情调，巴洛克时代无疑并不缺少这种情调，并且可能是人类历史上迄今最不缺乏此种情调的年代。当然，这般情调主要还是存在于教廷、宫廷以及贵族范围之内。相对于庄严而威仪的宫殿和教堂这类典型巴洛克建筑来说，突出轻松惬意之氛围的庄园建筑是一种补充，它所强调的是在神圣教务与世俗公共事务之外，与私人生活有关的那部分内容的诸般可能性。

意式的松弛

意大利的庄园建筑主要关注如何令生活获得"平和"与"放松"的问题。"阿卡迪亚"理念在这里同样适用，庄园被视作人工建造的一处"避难所"。根据阿尔贝蒂的理念，庄园应该是一种艺术组合系统，它所指涉的是一种广义上的屋宇或广义上的园林、宫殿甚至是教堂。在印制于1499年的《波利菲力的梦与爱》一书中，多明我会修士富朗切斯科·科罗纳（Francesco Colonna，1434—1527）介绍了一种复杂的垫草设计方法和草木修剪式样，还包括对于庄园小径以及花木、屋宇之间空

室外场景
意大利罗马的蒂沃利庄园。

间关系的规定。这些在整个西欧地区传播甚广，为后来巴洛克庄园的设计提供了不少借鉴。

位于梵蒂冈的丽城花园是 17 世纪意大利庄园建筑的典范之一，其露台、坡道、台阶、落座休息空间等元素一应俱全。相对于教宗所居住的宫殿来说，这座庄园所处的地理位置更高一些，教皇尤利乌斯二世（Julius II，1503—1513 年在位）着力于谋求在庄园与宫殿之间获得最大的通透感与和谐感，最基本的是要将地理落差处理得平和、顺畅，因此，建筑师在两个建筑群之间设计了一个长达 300 多米的斜坡，这个斜坡成为连接宫殿与庄园的"桥梁"。

屋宇与草木之间的统合关系，是梵蒂冈在庄园景观问题上关注的重点。在建筑师皮罗·利高里奥（Pirro Ligorio，1510—1583）为红衣主教伊波利多（Ippolito II d'Este，1509—1572）所设计的蒂沃利庄园中，主教的居所位于一座小山之巅，从居所可以看到其周边地势略低处的全部景观，数条藩篱带以纵横交叉的林间路径联系为一体，屋宇与草木之间整体感很强。后来的艺术史家布克哈特曾如此评价蒂沃利庄园："一个汇聚了所有优势自然元素的经典杰作，含义丰沛而隽永，难以为它者所企及。"由艺术收藏家、赞助者、红衣主教博格塞（Scipio Borghese，

室外场景
凡尔赛宫庭院中轴线景观，前景为喷水池中阿波罗驾着马车的青铜雕塑。

1577—1633）发起建造的位于罗马的博格塞庄园，则为庄园建筑提供了新的样式与思路。博格塞更加青睐装饰性灌木元素，种植了大量树木，包括橡树、柏树、月桂树等，整体布局相当规整，但整个地面区域却被划分为不甚规则的几个部分，彼此间缺乏严谨的对称性与呼应感，似乎又意在凸显"人工"之外的"自然"意蕴。

法式的沿袭与发展

无论是罗马的博格塞庄园还是梵蒂冈的蒂沃利园林，都为法国庄园提供了很多可参照的元素。事实上，早在 15 世纪晚期，法王查理八世（Charles VIII，1483—1498 年在位）就曾延请意大利设计师到安布瓦斯做城市规划。对此，当时曾有评论称意大利"奇迹之花"将在法兰西大地上盛开。至 16 世纪，伴随着法国宫殿建筑对于景观效果要求的提高，意大利庄园建筑对法国的影响日渐突出，至亨利四世（Henry IV，1589 年至 1610 年在位）时达到一个小高潮。亨利四世拓建了圣日尔曼拉耶庄园，景致十分精美华贵。

1612 年，法王亨利四世之妻美第奇家族的玛丽（Marie de' Medici，1575—1642）下令在巴黎建造卢森堡庄园——既是花园又是宫殿。其时亨利四世已经去世，玛丽出于对其故土佛罗伦萨的深深眷念，要求这座庄园务必充分体现意大利风格。循此要求，该庄园主要以佛罗伦萨的波波利花园为蓝本而建，玛丽还特意从故土移植来为数不少的花木。

1670 年，法王路易十四特别发起建造了一座隐居别苑——特里亚农宫，其装饰使用了大量来自中国的瓷文化元素，是欧洲第一座突出中国装饰元素的庄园建筑。路易十四于 1715 年去世后，路易十五（Louis

绘画
法国巴黎凡尔赛宫建筑庭院结构效果图。

XV，1715—1774 年在位）将特里亚农宫视作最佳隐居所，并在其间增建了驯兽园，着力强化了整座庄园的田园风格和自然气息。此外，路易十五还委派建筑师雅克·加布里尔（Jacques Gabriel，1667—1742）仿照特里亚农宫建造了一座"小特里亚农宫"。1774 年，路易十六（Louis XVI，1774 年至 1792 年在位）继位后，将小特里亚农宫赠与其妻玛丽·安托瓦内特（Marie Antoinette，1755—1793），直至 1789 年法国大革命爆发。18 世纪晚期，法国式巴洛克庄园日渐丧失其旧日辉煌，取而代之的是英国样式：更加强调"纯粹自然"型的景观价值，更加突出不事雕琢的草木、河流以及土石等自然元素。受此风格影响，特里亚农宫的外部装饰也被重新整饬。但大革命之后，特里亚农宫遂成失落之地，直至拿破仑时期才重获整修。

法国庄园总体上给人以几何化的感觉，但法国庄园也并非千篇一律的"僵硬冰冷"，路易十五在 1750 年左右发起建造的一些庄园就换了风格，他试图以"牧歌"精神再造一个新的凡尔赛。1667—1750 年，发生于法国自身内部的从崇尚"几何化"到青睐"牧歌式"的转变，这接近一百年的时间上的转换，正与两种庄园风格各自辉煌时期的时间相对应：17 世纪时是几何化风格占上风，18 世纪时则是田园风格占据主导。

德式的多元融合

在德国，位于海德堡附近的普法尔茨花园，是德国早期巴洛克庄园的代表作之一。它是法国建筑师所罗门·德·考斯（Salomon de Caus，1576—1626）在 17 世纪初受普法尔茨选帝侯腓特烈五世（Friedrich V，1596—1632）之邀建造的。该庄园最初企划于 1614 年，考斯对当时意大利、法国等地区的庄园建筑风格非常熟悉。遗憾的是，整座庄园在"三十年战争"中几乎损毁殆尽，如今该建筑实体已经荡然无存，只能从考斯为工程所画的设计图纸以及其他绘画作品中，得以窥其总貌之一斑。建筑采用了当时意大利庄园中常用的旋转样式的草坪及花圃造型，藩篱、凉棚、水池等基本元素一应俱全，但由于地势，最大限度地减少了台阶和坡道等元素。普法尔茨庄园是文艺复兴风格向巴洛克风格转型期间的德国庄园的代表，堪与符腾堡和斯图加特的皇家庄园建筑相媲美，甚至有"世界第八大奇迹"之称。

17 世纪晚期，德国汉诺威选帝侯夫人索菲亚（Sophie von Hannover，1630—1714）委任法国庄园建造师马丁·夏邦涅（Martin Charbonnier，1655—1720）建造赫恩豪森庄园。既然出自法国设计师之手，该庄园自然就深富法式风味，但同时也掺入了荷兰风格，因为在设计这

器皿
玻璃高脚杯，拥有沉厚的脚线、多面化球形杯塞、杯脚连瓣形装饰，约 1730 年出产于波茨坦，是德国巴洛克风格器皿的典范。

座庄园前，夏邦涅本人正好到访过荷兰，尤其对纽堡、洪拉迪克和海芦等地有过细致踏勘。荷兰地区多河道，夏邦涅在赫恩豪森庄园中的河道设计的灵感可能就来源于荷兰之行。法式风格，荷兰灵感，再加上德国本地特质，夏邦涅将这三种元素结合为一体，打造出一种具有德国北部区域特色的庄园建筑风格。

　　德国的其他巴洛克庄园建筑还包括：1697 年的夏洛特堡宫花园和1728 年的奥古斯都堡宫殿以及约二十年后的波茨坦无忧宫花园等，无忧宫花园完工于 1744—1764 年间，设计师为乔治·诺贝尔斯多夫（Georg Wenzeslaus von Knobelsdorff，1699—1753）。而 1753—1758 年建造的施威琴根花园使用了古罗马元素、中国元素和伊斯兰风格元素，综合程度之高，在整个巴洛克建筑中都是比较鲜见的。

建筑外景
德国柏林的夏洛特堡宫。

家具

这张桌面制作于 17 世纪中叶，有着典型的佛罗伦萨马赛克饰面，花朵、鸟群和水果等被完美地组合在了一起。类似的作品一直广受世人赞誉，这件作品在意大利生产，后被带到法国，安置在路易十四的镀金木底座的桌上。

百花齐放

在奥地利，巴洛克庄园主要集中在维也纳。建筑主要受两个人的影响，一是欧仁亲王（Prinz Eugen von Savoyen，1663—1736），另一个是建筑师吉拉德。他们一个从赞助人和发起人的角度，一个从建造者的角度，共同推动了维也纳庄园建筑的发展。如前所述，吉拉德本为德国巴伐利亚宫廷建筑师，但 1717 年左右受欧仁亲王之邀，在维也纳设计建造了著名的丽城花园。这座庄园建筑分为上部和下部，两者间所存在的具有一定落差和坡度的空间以一片花木园林相隔相连，令两者看上去相辅相成、浑然一体。庄园借鉴了不少法国凡尔赛宫的意境，但同时也参考了一些经典庄园建筑所给出的方案。

在尼德兰地区，荷兰的海芦宫是"法国风格"和"荷兰特色"相结合的产物，并对德国庄园建筑产生过很大影响。1685 年，后来成为英王的荷兰执政威廉·奥伦治亲王在海芦建造一座花园，其基本精神模仿了

绘画

奥地利维也纳的丽城花园。图为意大利画家柏罗铎1758年所绘风景画。

建筑外景
荷兰海芦宫园
林景色，海芦宫
于1685年建成，
1978年重建。

法国凡尔赛宫，但突出表现了林荫小路。属于新教地区的荷兰于1580年摆脱了西班牙的统治，他们对于视觉艺术的看法不同于天主教系统下的西班牙，17世纪中早期，荷兰中产阶层日益兴起，奉行贵族政治理念的他们主张破除传统及迷信，认为虽然不必完全否定旧有王权建筑，但也需以新问世的贵族精神加以改造。

西班牙的腓力五世（Felipe V，1700年至1724年在位）是法王路易十四之孙，从小在凡尔赛宫长大，对法国庄园建筑风格极其熟悉。18世纪初期，他在西班牙的塞戈维亚附近发起建造拉格兰崖庄园，这是一座位于千米高度山地之上的庄园建筑，其整体格局和细节特征都以法国凡尔赛宫为蓝本，但由于地域空间所限而压缩了规模。类似的庄园还包括位于意大利那不勒斯的卡塞塔宫，腓力五世之子查理三世（Charles III，1759年至1788年在位）于1734年获得那不勒斯和西西里王位后即买下这座庄园，下令在原有基础上建造一座豪华庄园，以表达他对西班牙故土的眷念之情。

1625—1714

巴洛克的盛放与演变：
查理安妮风格

革命、复辟与巴洛克

　　从查理一世到安妮女王时期，在英国历史上是个革命和纷争不断的年代，而从建筑及室内设计来看，则是巴洛克大放异彩的年代。斯图亚特王朝的詹姆斯一世逝世之后，王位传给了查理一世（Charles I，1625年至1649年在位），期间发生了英国资产阶级革命，世界史将此作为分水岭，宣告了近代史的开端，英国成立了共和政体，再到王朝复辟期间，依次是查理二世（Charles II，1660年至1685年在位）、詹姆斯二世（James II，1685年至1688年在位）和光荣革命后的玛丽二世（Mary II，1689年至1694年在位）和威廉三世（William III，1689年至1702年在位）时代，直到在文学和艺术设计方面达到新繁荣的安妮女王（Anne,Queen

室内场景（对页图）
牛津大学的基督学院大厅楼梯一景，这是巴洛克风格晚期的作品。

室内场景（上图）
室内以希腊柱头装饰的门套。

of Great Britain，1702 年至 1714 年在位）时代。

在斯图亚特王朝的前两个国王，即詹姆斯一世和查理一世时期，宫廷建筑主要的艺术成就是采用古典风格的装饰体系，通过视觉展示保持权威性。宫廷风格的基本原则是适宜理论（Theory of Decorum）。"Decorum"在拉丁语中是"最适宜"的意思。对于建筑师来说，它意味着装饰需要与建筑的类型相适宜，或者与建筑的某个部位相适宜，如科林斯柱式具有女性化特征，多立克柱式则代表稳固。楼层被划分成地下层（实际是地面一楼）和顶层。地下层的基础和支撑功能利用粗糙的石材来实现，顶层则通过较为精致的尺度来表现。

查理二世曾在尼德兰地区和法国流浪，生活孤独贫困，导致其内心早熟，养成了愤世嫉俗、放浪形骸的性格。同时，查理二世有了钱就尽情享受，也因此精通各种艺术。宏伟、堂皇、绚丽的巴洛克风格起源于意大利，虽然早在 1625 年就出现并盛行于欧洲大陆，但在 1660 年，即英国王朝复辟之时，尚未在英国流行。查理二世登基后，大力推崇巴洛克风格，在 17 世纪末，这种艺术形式达到了顶峰，后来又在 1702 年演变成安妮女王风格，并于 1720 年至 1750 年，随着移民潮而在北美又盛行了 30 年。

门面担当与最古老的壁纸

这一时期的建筑特色，最充分而戏剧性地表现在前门之上。它看起来与舞台背景一样具有喜庆气氛，侧面可能是简洁的多立克柱式，看上去让人难以亲近，或者布满装饰，显得过分奢华。如果有装饰，多半是以凹槽、扭曲或装饰华丽的嵌板夹加以丰富。门通常置于台阶的最高位置，有雨篷或门廊覆盖，上面会有虔诚的题字、带有雕刻的战斗勋章或山花等，这取决于住宅所有者试图强调自己哪方面的修养、血统或者学识。它可以布满雕刻装饰，有时甚至遮挡了实际的造型。

而窗套，特别是入口正立面的窗套，其风格与前门一样华丽。中间楼层中部的窗户一般经过特别精致的装饰，设计上具有统一性，以强调整体效果。窗的尺度方面，最初大窗洞用竖窗棂和横档来支撑，随着技术的进步，竖窗棂和横档的数量都大大减少。随着窗户数量的增加，窗

室内场景（对页图）
凸窗能给书房带来良好的采光，而高大的窗户设计是晚期巴洛克建筑的要素。

户变得越来越窄，中央窗棂也变得可有可无。早期带有线脚的窗棂后来被方形断面窗棂所取代。竖窗棂和横档之间是带铰链的窗扇。17世纪70年代，垂直推拉窗得到发展，它减少了对窗棂与横档的需求，同时可移动的玻璃窗扇面积也加大了。到18世纪，带牵拉绳的推拉窗已经相当普遍，窗户一般呈现高而窄的造型，体现时尚的追求。

墙一般都有图案，通常是油漆的模板。17世纪晚期，带图案的模板逐渐被块状印刷纸所取代，这也就是最初的墙纸。这两种形式的装饰都容易老化和损坏，因此，保留下来的实例较为罕见。富有的房主可以用悬挂织物或印花布来装饰墙面，最奢移的要数以印有图案的皮革来包覆墙面，有时甚至有烫刻，偶尔也有镀金上光装饰。它们都被固定在墙面的板条上。带墙裙的护墙板是一种时尚的墙衬里形式，它常常被视为

室内场景（对页图和右图）
此两处的巴洛克风格主要通过横梁和镶板上飞华丽漆绘来表现。

家具，能够从之前居住的房子中搬移到新居使用。随着连接技术的进步，它们排列成嵌板，而且尺寸逐渐加大。墙裙依据板条的形状画有各种图案，通常采用几何与抽象设计，偶尔也采用装饰丰富的细部。在富人家里的墙上，常用油漆描绘的纹章、道德寓意的主题画以及含有古典建筑的风景画。

地面幻觉

这一时期的天花板一般不抹灰，装饰仅仅是在梁上作线脚处理，有时在支撑上面部分的托梁上作线脚。把它们从 16 世纪或者更早的结构相同的天花板中区分出来的惟一特点是木板变窄了，它反映了木料越来越紧张这一事实。较好的住宅有石膏天花板，与前面一样，它从上层楼板下部悬挂下来。由于墙面逐渐采用古典建筑形式，它们与天花板的结合部分通过檐口标识出来，即使天花板与墙面都非常简洁也如此。巴洛克式的天花板虽然保留了密集的装饰区，但是却把它们彼此分开，在一些完全简洁的平面区，也用格网来表现一种明显的中心感，有时是表现一种层次秩序。

如果石材能够得到的话，建筑一般会在进门处铺石地板。此外，也可能使用砖或瓷砖。现代防潮层的加入，使得保留下来的原始地板数量大大减少。在一些质量考究的住宅中，地板使用两种以上颜色的石材，铺设成具有良好视觉效果的图案，让表面看起来具有空间深度的变化。上面楼层的地板一般使用木材，最贵的木地板是拼花地板，它是用多种

室内场景（对页图）
带线脚的横梁体现典型的巴洛克风格，如此装饰的横梁使得室内的窗和墙根本不需更多的装饰。

颜色的木材拼成图案，其中精致的幻觉图案最为珍贵，木材拼花图案与石材拼花效果类似，通过木条镶花地板或镶嵌细木条得以实现。而另一种稍微廉价的装饰形式是在地板上绘画。地毯也是常用的饰品之一，通常是从埃及、土耳其等国进口而来，但一般认为地毯过于昂贵而不适合踩踏，因此它们往往被置于最好的家具下面，或者在给主人画像时布置于主人的脚下。在一些不太正式的房间中，地板上有时会简单地铺设一些草席。

气派的壁炉

一般的住宅中，壁炉成为常见的配件，因为房屋整体水准的不同，而有不同的处理方法，常见的带有檐壁或檐口，非常气派，在一些重要的房间中，檐口用石膏雕刻支撑。壁炉周围墙面的装饰构图，可以由于壁炉而打断、改变或强调，最重要的是壁炉上的饰架，它通常用雕刻等来加以框定。在巴洛克时代早期，最华丽的檐口是梁上的凸起与伸出的壁柱，它们把壁炉上的饰架变成了雕塑。到18世纪，只有壁炉位于墙角落时，这种效果才可能出现。自然主义的雕刻呈现了更具表现力的效果。当时还出现了一种新的时尚，就是使用镜子（镜子在当时是相当昂贵的）。1710年，这种潮流已经达到巅峰，壁炉上的饰架成了镶嵌镜子的雕刻艺术品。浇铸的炉围也带有装饰设计，支撑木柴的柴架带有顶端饰品，或者做成古典柱廊的风格。

这一时期的楼梯特征很明显，一般用木材（通常是橡木）来建造。到了末期，常常采用"闭合式"式楼梯，也就是有一个斜梁将踏板和踢板封闭起来，同时斜梁起着支持栏杆的作用。宏伟的楼梯采用石材来建

室内场景（对页图）
精致的壁炉及其周围的装饰均具有典型的巴洛克风格。

造，并且带有精致的铸铁栏杆。由于石材楼梯不能靠在斜梁上，因此需要悬挑，这对工程技术有很高的要求。这些楼梯也仅仅限于富贵人家使用。但通过精巧的设计，一些并不贵重的木材也能够模仿出石材的效果，或者通过悬挑，或者将梁退后并隐藏起来，也能达到同样的效果。最贵重的木栏杆是连续穿插的雕花栏杆，它最初采用带箍线条饰，后来采用叶形装饰涡卷，有时也带有附加的雕刻图案。单独的回转栏杆更为普遍，最初是中间细的束腰形，到17世纪中期重心下降，变成了花瓶形。在一些更加华丽的栏杆上，雕刻了叶形花纹，视觉效果更加丰富。1660年后，扭曲的栏杆成为一种时尚。楼梯上下的中柱一般是方形截面，它们也可能用楼板上带有雕刻涡卷的托架支撑。后方形截面的中柱逐渐被一种古典形式的柱子所代替。

室内场景（左图）
简洁而雅致的石壁炉为我们提供了一个与周围对比强烈的视觉焦点。

室内场景（对页图）
漆成白色的木质楼梯及栏杆是查理安妮风格的最佳表现。

墙间壁橱、烛光与灯油

　　这一时代的家具定义比今天广泛得多，除了一般意义上的家具外，它还包括护墙板等。住的宅墙非常宽厚，通常可以设计嵌入式橱柜。食物柜有时非常深，它的门一般采用橡木，其风格可能随地域而有很大的变化。调料柜用于存放调料和药品，也可能嵌入到墙体内。到17世纪后期，用于展示银器和玻璃器皿的嵌入式展示柜十分流行。在一些宏伟的建筑中，可以放置较大型的拱形壁橱，而不太富裕的家庭可以采用嵌入式墙角柜，一般带有定型的架子和贝壳形的装饰，常常与墙面嵌板融为一体。由于书越来越多，图书馆也采用嵌入式书架，最初书柜是有门的，但后来发展成了开放式书架，一般只展示书脊。

室内场景（对页图）
拱形的天花板、石砌的壁炉，室内装修具有典型的查理安妮风格。

室内场景（下图）
客厅中由木镶板、油画、涂金的家具和吊灯等组成的装饰，体现了安妮女王时期的风格。

在当时，蜡烛是非常昂贵的。在太阳下山之后，火是主要的照明来源，一支蜡烛能够携带到床头使用，但这是富人家的消费，穷人家则使用灯芯草，把它浸入到脂肪中，用一根夹子支撑使用，中产阶级家庭一般使用动物油脂。如今想象的都是当年枝形烛台的浪漫，最早的枝形烛台是用木头制成的，使用黄铜或锡合金是很奢侈的。大户人家也使用银烛台，但是一般仅限于住宅中最好的地方，而且这也是 17 世纪末的事情了。当人在室内走动的时候，走廊或者楼梯上的灯能够提供一种黯淡的光线照明，楼梯灯通常悬挂在一个铁支架上，在楼梯上点燃。举行仪式的房间有一个枝形设施，用绳子悬挂在天花板垂下的钩子上，它可以挂得非常低，以便于点灯（链条和滑轮是 18 世纪的发明），吊灯一般用黄铜制成，有一个中心反射的球形物，用于反射和加强烛光。枝形大吊灯则成为彰显地位的奢侈品。

随着 17 世纪的技术进步，人们已能制造出高度复杂的金属制品，铁栅栏的厚度能减小到 1 厘米左右，并且可弯制成各种装饰花纹：几何图形、扭曲、叶形、波浪形、网状、扇贝形，甚至是面具形、鸟形、动物头形和纹章造型。铸铁门也不鲜见了，有包含全部金属装饰的，顶端装饰也不再是简单的钉子形，而可以是球形、叶子形和长矛形。栅栏通过铆钉或者扣结连接在一起。从 1650 年开始，铁阳台成为一种时尚，它突出于墙面之外，常常带有交互的平直或扭曲的栏杆，以及植物和涡卷叶形嵌板。一般油漆成蓝色或者绿色，有时甚至会镀金。

1714—1811
从帕拉第奥式到新古典：
乔治风格

新王朝的秩序与逻辑

随着工业革命和科技的发展，以及英国的迅速扩张，全球建筑和设计的中心，慢慢从意大利、法国转向了英国。而以乔治王朝命名的设计风格，也逐渐成为建筑、室内、家具、饰品等的通用符号。乔治风格是英国18世纪室内装饰的主要风格，它从18世纪初起至19世纪初结束，在约百年时间内，经历了汉诺威王朝的乔治一世（George Ⅰ，1714年至1727年在位）、乔治二世（George Ⅱ，1727年至1760年在位）、乔治三世（George Ⅲ，1760年至1820年在位）统治时期，是英国设计史上最受赞赏的设计风格之一。在设计理念上，乔治风格所表现的理性、秩序和逻辑性，以及其细部处理的典雅与严谨，被当时的建筑师、建造

建筑外景（对页图）
对称和谐、秩序井然的宅第，门
楼高大，窗户方正，四坡顶上耸
立着粗大的烟囱，并带点古希腊
的装饰元素。这些特征，是乔治
时代早期建筑风格的标准符号。

肖像画（右图）
乔治三世年轻时的画像。

者和工匠们广泛接受，渗透到了西方文明生活的方方面面。此外，乔治
三世的儿子乔治四世（George Ⅳ）从 1811 年起作为摄政王开始执政，
1820 年继位为英王，但正式在位仅十年，于 1830 年 6 月 26 日去世。他
生活懒散、放荡，损害了君主的道德力，但尽管如此，他促进了艺术和
文学发展，他热情赞助建筑工程，由此建造的大量建筑物形成了一种艺
术风格，被称为摄政王式。这种风格取代了在汉诺威王朝建立后发展起
来并持续了一个世纪的乔治诸王时期的建筑风格。

帕拉第奥式兴起

18 世纪之前，英国富人的建筑物布满城垛、塔楼和凸肚窗，格局
混乱。乔治时代开始，取而代之的是建造对称和谐、秩序井然的宅第，
门楼高大，窗户方正，四坡顶上耸立着粗大的烟囱。18 世纪前期，这
些建筑依巴洛克风格设计，自由使用古典式主题，更加深了其给人的高
贵印象。约翰·范布勒爵士（Sir John Vanbrugh）和尼古拉斯·霍克斯

素描画像
意大利建筑师安德烈亚·帕拉第奥，他常常被认为是西方最具影响力和最常被模仿的建筑师，他的创作灵感来源于古典建筑，强调对于建筑比例的追求。以他名字命名的帕拉迪奥式建筑成为欧洲极具影响力的建筑风格之一。

穆尔（Nicolas Hawksmoor）是英格兰巴洛克建筑设计的主要代表，他们创作了巨型的石砖建筑，这些建筑以雄伟的样式展现了高贵的气魄，令人叹服。

范布勒和霍克斯穆尔去世后，自由试验和创作的精神从此湮没。18世纪后半期，大型房屋虽仍在建造，尽管规模甚大，但高贵和慷慨之气渐消，结构严谨之风日盛。从18世纪中期起，"帕拉第奥式"的建筑特征，在门、窗、线脚等方面体现得日益普遍，风行一时。在摄政王时期和乔治四世时期，中产阶级的住房延续着古典的传统，用砖建造，经常涂上灰泥或彩色石膏，建筑物因充满精致的希腊－意大利气息、比例和谐、表面色彩艳丽而显得优雅。建筑使用灰泥的时尚引自意大利，而原来只是在粗糙的石头表面刷上油漆。希腊丰富精美的雕刻、带有凹槽的圆柱和古典帏帐精致的褶皱，统统都在优雅的灰泥上重现。这种优雅是摄政王时期建筑的基本特征。摄政王时期规模较小、表面装饰较简单的联立式住宅和房屋，也常用灰泥抹面，它们是乔治诸王时期的简约版。几乎所有的城镇都因建有不少这样时髦的住宅而自豪，这些住宅有精美的镶玻璃窗格、上覆中国式宝塔顶盖的蛛网般精致的铁制阳台，或有雕刻精

建筑外景
伦敦市区一幢乔治时代的建筑，外立面用了希
腊古典风格的元素，如爱奥尼亚式的柱头。

美的凸窗、用柱子分割的正面开间和圆拱式前门。它们的外墙几乎总是
朴实无华，房顶经常是低坡度的斜顶，带有宽敞的凸出屋檐，让人想起
温暖的地中海。使用油漆的木制百叶窗加深了这一印象。

联立住宅，都市建筑新颜

在 18 世纪，兴建统一的联立式住宅是都市建筑方面的设计思路，这也是乔治时期在都市发展方面最重要的贡献。在最大规模的联立式住宅设计中，特别强调在中间建造山形墙，在两翼建造楼阁，从而形成"宫殿式前立面"的联立式住宅。而在较为经济的联立式住宅设计中，正面为组合式的立面，没有突出强调的重点部分。

18 世纪第一个统一的无柱式联立住宅的范例是科伦·坎贝尔（Colen Campbell）设计的伦敦城威斯敏斯特的老伯林顿街（Old Burlington Street）第 31—34 号住宅，它建于 1718 年至 1723 年。其立面根据琼斯的洛思伯里街区设计，体现了帕拉第奥式的严谨简洁。比例匀称的正面，垂直的窗户以及正面关键部分隐含有类似神庙前立面的成分，带有神庙柱顶特色的檐口，表明柱底和底层连成一线的深深线脚，共同形成一道完美的街景。与坎贝尔的设计形成鲜明对照的是雷恩的设计，后者在窗上采用红色饰物，用红砖砌成分段拱，线脚用红砖，正面通常用绛褐色砖，窗框用晕红色砖，门框雕刻复杂。1725 年，坎贝尔设计了格罗夫纳广场的住宅。这项工程比其伯林顿街的联立式住宅在处理上表现得更加自信，它们装饰有整个罗马神庙前立面的标志，还有支柱、圆柱或壁柱，以及以粗面石工砌成地面层的底层。这些独具个性的住宅，风格很不相同并且数量也多，但在背面都有一条檐口线，这值得注意。帕拉第奥式风格的设计师在设计这些联立式住宅时，都避免使用有实际功能的柱子，而倾向于以隐含的方式表现建筑物的等级，这在建造规模很大的统一立面的联立式住宅时表现得最为突出。帕拉第奥风格的无柱式联立

建筑外景（对页图）

英格兰东部小镇威斯贝奇上的住宅，建筑外墙处处体现了乔治风格的简洁严谨。

住宅，在表示不同等级时最常用的手法是加建山形墙，在不加山形墙时，无柱式联立住宅也可在中间的那个开间做特别装饰加以强调，以显示其独特性。这时，可以在这个开间做一个有楣梁或顶上有山花的中心窗，或将这扇窗做成不同于其他窗的样子。

威尼斯式窗及新古典显现

18世纪中最显著的建筑特色是威尼斯式窗。威尼斯式窗能使住宅具有个性，帕拉第奥式和巴洛克式建筑师都对其偏爱有加，一时间广为流行。另一个持续时间较长的特色是凸窗，但不同时期流行的样式有所变化。约1750年至1770年间为六边形，约1770年至1780年为半圆形，约1790年至1830年为椭圆形。凸窗原出现于爱尔兰，比英格兰流行早了约二十年。

室内场景（左图）
威尼斯式窗深受欧洲建筑师的喜爱，由此演化出的帕拉迪奥式窗在此处被运用到了门洞上方。

建筑外景（对页图）
位于伦敦西南的法纳姆镇的一个乔治风格宅院。

18 世纪最后 25 年，希腊古典式开始在伦敦的联立式住宅中占优势。最初，帕拉第奥式的住宅以爱奥尼亚式柱支撑山形墙。例如，1772 年在约翰·亚当斯街（John Adams Street）修建的皇家艺术学会大楼就用了新古典主义的装饰。稍后，在格洛斯特的赛伦塞斯特（Cirencester）卡斯尔街（Castle Street）14—16 号，新古典主义的特点已十分明显，它的正面是三开间、二层，琢石面，以一个开间的山形墙作为强调重点。它有六扇威尼斯式窗，窗的上方是帕拉第奥式的亚当型无装饰拱券，由连续的拱墩和窗台将它们连接为一个水平层面。

渐渐靓丽多彩的室内

乔治风格的室内设计也并非仅限于一种样式。在乔治风格早期（1714—1765），英国流行帕拉迪奥式建筑，当时的室内设计非常注重对建筑元素的运用，例如古罗马的柱式、壁柱、线脚等，并伴随着古典

建筑外景（对页图）
英格兰乡村乔治时代的建筑、庭院，风景如画。

室内场景（右图）
以对称的古希腊柱式装饰的书架，具有强烈的乔治风格建筑特征。

室内场景（对页图）
位于走廊一端的装饰区成为室内的视觉焦点，巨大的镜子虽然是洛可可风格的，但两边对称摆置的雕像却是典型的乔治风格。

的图案主题，建筑装饰成为人们财富和地位最简捷的象征，贵族和富商往往会采用精心制作的石膏装饰、木雕，并用粉刷特别的油漆和镀金的方式来展现其住宅的奢华，相对来说，大多数普通人家则采用非常简单朴素的油漆来装饰墙面。

随着廉价的杉木和松木逐渐代替价格昂贵的橡木、榆木等，使用油漆以确保木材的耐久性变得尤为重要。乔治时期最初的几十年中，明亮而富有强烈色彩的油漆非常昂贵且很难涂抹均匀，但到18世纪中叶，技术的进步改进了油漆的色彩工艺，同时，造纸和印刷的进步也改进了壁纸和印刷悬挂织物工艺，因此即使是中等阶层的英国住宅，当时的室内色彩也变得极为丰富，装饰华丽，吸引着人们的眼球。从室内的整体规划来说，早期的乔治住宅非常注重入口门厅及楼梯的装饰，其他房间则以其为基础进行设计，往往一进门便给人留下深刻的印象。门厅通常为石板路面，房间地板则为木质，另外东方的地毯、英国的"土耳其"地毯也是非常时尚的地板装饰，着色的帆布铺地板布也被运用在许多房间内，经常出现在家庭内的"交通要道"，如门厅、餐厅或厨房，或者被安置在餐具柜、脸盆架下来保护地板。铺地板布的着色描画通常与地毯相配，拥有装饰和保护的双重功能。壁炉是房间的视觉中心，其装饰有千变万化的图案设计，同时还用颜色和镀金来表现装饰性的雕刻元素。

新古典的"亚当风格"

18世纪60年代，帕拉迪奥风格渐渐从人们的生活中退出，被新古典主义装饰风格所取代，这个时代也被人们亲切地称为"优雅的时代"，即乔治风格的晚期（1765—1811）。尽管仍旧基于古典的形式，但乔治风格后期的室内设计比起帕拉迪奥风格的房间装饰，更加明亮和优雅，有了更多的细节装饰，降低了建筑特征在室内的主导地位。这个时期也有人称它为"亚当风格"，因为正是当时英国著名的建筑师罗伯特·亚当（Robert Adam，1728—1792）领导了这场新古典主义运动，他与其弟弟詹姆斯·亚当（James Adam，1730—1774）共同完成了很多乔治风格后期优秀的建筑和室内设计作品。在后期的乔治风格住宅中，尽管在大户人家，大厅和楼梯仍旧气势恢宏，它们往往采用桶形或榫子拱顶，并用古典的细部润色修饰，但总体上，门厅的规模开始缩小。

室内场景（下图）
壁炉对于多雨的英格兰是不可或缺的生活要素，这里的壁炉融合了乔治风格和巴洛克的设计元素。

室内场景（对页图）
将这个隔墙进行三等分，并涂上同一种色彩，以画和瓷器等来装饰，这都是乔治时期典型的装饰特征。

18世纪后期，曾经为视觉焦点的壁炉外框变成更简朴的古典风格，通常为平木框架，壁炉架则采用大理石、普通石材和木材建造，但由于圆形浮雕和传统的图样而变得丰富多彩；壁炉架上经常用镜子和烛台装饰，这些都是晚期乔治风格住宅装饰的重要特点。在软装方面，几何图形和东方的带有植物设计的地毯被广泛使用；与顶棚浮雕相适应的地毯设计也开始被引入，令当时的室内设计风格更加协调统一。多数时尚的住宅墙面有嵌板式墙裙，墙裙和檐口之间的板条上悬挂织物——天鹅绒和丝织品是最丰富而昂贵的材料，而羊毛和缎子则较为普通。18世纪70年代，墙纸的使用越来越普遍，成为时尚的墙面装饰，流行色有豌豆绿、蓝玉色、深粉红色和明黄。另外，天花板、墙面的石膏底子上还会有抹灰装饰，令宏伟的装饰图案显得更加生活活泼。

然而，这个在18世纪影响甚广的乔治风格终究未能抵挡住19世纪开始的整个技术革新时代的潮流，展现传统风范的乔治王朝最终在新的挑战面前被颠覆了。但是，无论历史如何发展，乔治风格在设计史上的重要地位和对今天古典派室内装饰的影响仍然存在，并给现代人启迪和借鉴。

1760—1800

致敬古希腊、古罗马：
新古典主义风格

文艺应面对生活

　　新古典主义风格也可以称作古典复兴，或者希腊复兴、罗马复兴，它是伴随着18世纪巴洛克艺术的兴起而产生的，后者得到了掌握话语权的封建贵族集团的推崇，是天主教堂、贵族府邸和许多歌剧院等场所的主要装饰风格。而新兴的资产阶级以及代表资产阶级利益和思想的知识分子、启蒙主义者，反对这种强调形式、华丽而雕琢的趣味，主张文艺应面对生活，面对现实，要求艺术语言的清晰、明确和单纯，他们以古希腊、古罗马艺术作为典范。这是新古典主义风格发生的原因。也同时，因为庞贝古城的发掘等考古方面的成就，人们心目中重新升起对古希腊时代民主及其文化的向往。新古典主义风格主要流行于18世纪中叶到 19 世纪中叶，兴起于法国，并迅速在英国等地发扬光大，代表作有伦敦的大英博物馆、爱丁堡大学等。最杰出的倡导人是英国建筑师和设计师亚当兄弟。

新古典主义风格除了在建筑物的外观上使用大量的古希腊、古罗马柱式语言和山墙、人体雕塑以外，还在室内装饰上追求细节效果，如墙体上的彩绘，用色暗沉、素淡，使用盾形图案、忍冬纹样等，并将室外建筑语言运用于室内，将古希腊柱用来装点厅堂。新古典主义风格反对巴洛克、罗可可风格的矫揉造作，倡导回归于希腊、罗马的结构的感受，注重线条。新古典主义风格比较注重装饰时的配线。配线的种类很多，有顶角线、窗套线、门套线、踢角板等，设计师在设计这些配线的时候特别注重其与空间的搭配。每一部分空间的配线设计是不

建筑外景（左图）
圣·潘克拉斯新教堂，1819—1822 年由英国著名建筑师威廉·因沃德与儿子威廉·亨利·因沃德合作设计而成，其建筑样式与古希腊时代的雅典建筑模式很接近，是典型的希腊精神复兴的新古典主义建筑。

室内场景（对页图）
位于英国伦敦汉普斯黛中心肯伍德宅邸内的图书馆，由建筑师罗伯特·亚当于 1767 年设计建成。这个图书馆为长方形空间，两端都有半圆形拱顶及镀金的古典圆柱做装饰。

室内场景（对页图）
由古典风格的大理石圆柱支撑
着的板岩造型的洗脸盆与不锈
钢现代卫浴的搭配，创造出一
种与众不同的空间气质，这就
是新古典主义风格的现世演绎。

室内场景（对页图）
位于俄罗斯圣·彼得堡的埃尔米
塔日宫殿中剧院楼梯一景，由
建筑师尤利·威尔腾于1771—
1787年扩建而成，其圆柱语言
以及天花板的装饰形态都是新
古典主义风格的典型体现。

同的，直线与曲线有它本身的设计原则，顶角线与踢脚线的设计各有其
特色，因此，新古典主义风格的设计本身不在于造型好看，而在于搭配
得好看。

现世再造与诸多细节

其实在如今也有许多的建筑和室内设计运用了新古典主义风格的艺
术手法，人们越来越善于综合前人的各种优秀成果来装点生活。随着设
计的发展，各种风格之融合逐渐加深，新古典主义风格的内涵已经变得
十分宽泛，它不再是某一特定地域中具体流派的专有名称，而变成各个
国家的本土文化在本国传统基础上，进行改革创新后派生出传统文化的
改良版本的统称。就家居文化来说，新古典主义风格是指在传统美学的
规范下，运用现代的材质及工艺，去演绎传统文化中的经典精髓，使作
品不仅拥有典雅、端庄的气质，并且具有明显时代特征的设计方法。因

此，新古典主义风格是古典与现代的完美结合物，它的精华来自古典主义，但并不是仿古，更不是复古，而是一种化有形为无形的神似。

新古典主义风格在造型语言上也有独到之处。以灯具为例，它常选用羊皮或带有蕾丝花边的灯罩、铁艺或天然石磨制的灯座，此外，古罗马卷草纹样和人造水晶珠串也是常用的视觉符号，新古典主义风格的灯具在与其他家居元素的组合搭配上也有文章，它将古典的繁复装饰简化，并与现代的材质相结合，呈现出古典而简约的新风貌。在卧室里，可以将新古典主义风格的灯具配以洛可可式的核妆台，古典床头雷丝垂幔再配上一两件古典样式的装饰品，如小爱神像或挂一幅巴洛克时期的建筑绘画，让人们体会到古典的优雅与雍容，也可以将欧式古典家具和中式古典家具摆放在一起，中西合璧，使东方的内敛与西方的浪漫相融合，别有一番尊贵的感觉。

在现代的新古典主义风格的设计中是不能出现电器的。本着美观、统一的原则，设计师在进行设计的时候，通常会把电器隐藏起来，从而避免出现风格不搭的现象。同时新古典主义风格为了美观会把中西厨房分开，而且尽量避免设计开放式厨房。

容器

赫斯特·巴特曼于1780年设计制作的茶壶，其器壁上刻有如垂花幔、英穗纹等母题的浅浅花纹，这是英国新古典式银器常用的戳刻装饰手法。

1760—1870

个性及自由的重申：
浪漫主义风格

浪漫的起源

  法国大文豪雨果于1827年出版诗剧《克伦威尔》，该剧的"序言"被视为浪漫主义运动的宣言，而浪漫主义风格建筑正是此后由一些对建筑有兴趣的文人学者鼓吹起来的，他们受到文学艺术中浪漫主义思潮的影响，继而引发了浪漫主义在建筑风格上的延续。浪漫主义在艺术上强调个性，提倡自由主义，主张用中世纪的艺术风格来与学院派的古典艺术相抗衡。其外在的表现即为追求超凡脱俗的趣味和异国情调。

  一般来说，浪漫主义风格建筑可以分为两个发展阶段。18世纪60年代到19世纪30年代为前浪漫主义风格阶段，主要是出现了中世纪城堡式的府邸，甚至东方式的小品，其中最具影响力的是对浪漫主义建筑发展影响最大的英国文人学者霍斯·沃尔伯尔（Horace Walpole）在伦敦附近浆果山上的个人庄园府邸，充满了中世纪生活的传奇色彩。这座府邸完全模仿中世纪的寨堡，其布局灵活，各部分位置和相互关系合理、适宜，亲切而有情致，自然而有个性，是当时浪漫主义建筑与室内设计的典范。而德意志的梅克伦堡－施韦林(Mecklenburg-Schwerin) 大公爵的城堡则是德国浪漫主义风格城堡兴盛的第一个高潮中的典范。

19 世纪 30 年代到 19 世纪 70 年代为后浪漫主义风格阶段，此时浪漫主义风格已发展成为一种建筑创作潮流，其建筑设计样式也从原先的个人府邸延伸至大型的公共建筑上，其中最重要的是英国伦敦的威斯敏斯特宫（国会大厦），这是浪漫主义在英国城市公共建筑中的典范。其设计师查尔斯·巴雷爵士（Sir Charles Barry，1795—1860）的原设计采用古典主义和意大利文艺复兴的混合手法，但在建造中，英国女王提倡哥特式建筑，下令由著名建筑师奥古斯都·普金（Augustus Welby Northmore Pugin，1812—1852）协助，把英国国会大厦改成了哥特式。

肖像（左页）
1845 年，英国画家约翰·罗杰斯·赫伯特为普金所绘，现藏于伦敦威斯敏斯特宫。

建筑外景（对页图）
普金设计的大本钟是威斯敏斯特宫建筑群的一部分，这座浪漫主义风格的钟楼已然成为伦敦的标志建筑。

建筑外景
威斯敏斯特宫在 1834 年被焚毁后，
普金提出改建方案，于 1840 年获得
实施。

它打破了原来古典主义的立面呈式，所建成的雄伟建筑沿着泰晤士河展现着跳动的轮廓。

中世纪骑士

浪漫主义风格的来源是中世纪的骑士生活与传说，因此它推崇的是中世纪的艺术风格，表现在建筑上便是追求中世纪哥特的建筑式样，因此在其发展后期，浪漫主义风格建筑又被称为哥特复兴建筑。英国是浪漫主义风格的发源地。当时在古典复兴建筑流行的时候，英国人却始终有一种对中世纪哥特建筑的偏好，他们认为这是最自然的建筑式样。当掀起热爱大自然之美风潮的时候，当人们开始对民主自由向往的时候，哥特建筑便被推到了最前沿。位于英国的《福音书》作者约翰的教堂的内部装饰表现了哥特复兴早期的装饰细节，由理查德·贝特曼（Richard Bateman）建造。教堂内部，设计师几乎全都采用了白和淡蓝，并以哥特复兴的装饰细节为主题——典型的卷叶式弓形结构，四瓣花图案装饰透明的玻璃，并以相同的细节点缀座位和布道坛。

　　浪漫主义风格建筑在英国流行后，又在德国、美国等地流传较广，直至 19 世纪后半叶因各国社会体制的转变、折衷主义的盛行而退出主流舞台。位于德国沃利茨的弗兰西斯王子（Prince Francis）的私人官邸，也是德国最早的哥特复兴建筑之一，标志着德国哥特复兴的开始，从而唤起了德国人对中世纪的浪漫联想与追思。而 1839—1843 年建成的圣·阿波利纳利斯教堂位于德国莱茵地区的雷马根附近，其以四尖顶塔柱为中心的建筑主题凸现了哥特复兴建筑的特点。位于法国巴黎的圣·克洛蒂尔德教堂是巴黎最早的哥特复兴式建筑，它的建立曾在当时引起了一场与新古典主义建筑支持者的争论。教堂于 1845 年建成，由建筑师弗兰茨·克里斯汀·高（Franz Christian Gau）等设计建造而成。

　　在建筑外观上，有很多浪漫主义的建筑都是仿中世纪的寨堡，它比起古典复兴建筑更富有创造性，与整个风景秀丽的大环境融合在一起，诗情画意，洋溢着浪漫的情调。而浪漫主义建筑内部，往往布局灵活，各部分的位置和相互关系合理、适宜，外形又活泼如画，非常亲切有情致，

建筑外景

德国弗兰西斯王子的私人官邸是德国最早的哥特复兴建筑之一，标志着德国哥特复兴的开始，也从而唤起了德国人对中世纪的浪漫联想与追思。

不但自然而且有个性。位于德国莱比锡的圣·尼古拉教堂是典型的哥特复兴式教堂。其内部装饰呈现出一派繁荣的庭院景象，网状的拱顶幻化成棕榈树的树叶，统一于整个环境中，给人清新但强烈的视觉冲击力。

浪漫的东方情结

另外，浪漫主义早期的建筑中还有富有东方情调的建筑小品，当时中国、土耳其和阿拉伯等的建筑便已被介绍到西方，令浪漫主义建筑中又多了一份东方情结。由设计师约翰·格特夫瑞德·布林（Johann Gottfried Buring）于1755—1764年在德国波茨坦宫殿庭院内设计并建造的中国茶室，结合了美丽的绿色景观，形成了充满诗意的浪漫风景画面，这一作品是东方元素在浪漫主义风格中运用的完美诠释。建于1840年的潘娜宫位于葡萄牙辛特拉镇，这座国王宫殿，形态仿照16世纪的修道院，坐落于高529米的山坡上。其建筑正面着以耀眼的黄色、草莓红及水蓝色，建筑风格兼具摩尔式、哥特式、文艺复兴及巴洛克式风格，极具浪漫情调。其内部的阿拉伯房间加入了东方元素，并融合哥特复兴、巴洛克风格的装饰细节，魅力十足、风格独特，充满了浪漫主义的色彩。

建筑外景

德国波茨坦宫殿庭院内的中国茶室，由约翰·格特夫瑞德·布林设计建成。位于大庭院内的茶室结合美丽的绿色景观，形成充满了诗意的浪漫风景画。在浪漫主义中，东方元素也是其表现的一个方面。

1769—1821

为象征而设计：
帝国风格

新帝国的兴起与覆灭

　　法兰西第一帝国是法皇拿破仑一世（Napoleon Bonaparte，1769—1821， 1804年至1814年及1815在位）建立的君主制国家，又称为拿破仑帝国。它对19世纪初的欧洲大陆影响甚大。1804年5月，拿破仑称帝，12月加冕，成为法国人民的皇帝（L'Empereur des Francais），结束了法国执政府的统治。此为第一帝国的开端。第一帝国在对第三次反法同盟中取得胜利，击败奥地利、普鲁士、俄罗斯、葡萄牙等国，其中包括奥斯特里茨战役（1805年）及弗里德兰战役（1807年）等。欧洲战争于1807年7月随《蒂尔西特条约》的签订而结束。当时法国对外的一连串战争被称为拿破仑战争，它把法国的影响力扩至整个西欧及波兰。1811年，法兰西帝国面积达75万平方公里，人口约4400万，全国

肖像画

法国浪漫主义画家巴隆·格罗在他的油画《青年时代的拿破仑》中描绘的拿破仑形象。拿破仑素来缺乏耐心，不愿为画家保持固定的模特姿势，最后画家只能请来约瑟芬将其丈夫抱住，才得以完成画作。

划分为 130 个郡，包括荷兰 9 个郡，北海沿岸德意志各邦 9 个郡，东南瓦莱、皮埃蒙特、热那亚、帕尔马、托斯卡纳和原教皇国 10 个郡。此外，拿破仑一世及其家庭还统治和控制了意大利王国、莱茵邦联、威斯特伐利亚王国、那不勒斯王国、西班牙王国、华沙公国等。在帝国范围内，拿破仑一世力图统一关税，统一法制。帝国的无限制扩张导致英、俄、普、奥等国组成第六次反法同盟，1814 年 3 月 31 日，同盟军攻入巴黎，4 月 6 日，拿破仑被迫退位，被流放到厄尔巴岛，波旁王朝复辟。1815 年 3 月 20 日，拿破仑从厄尔巴岛返回巴黎复位，史称百日王朝。6 月 18 日，拿破仑在滑铁卢被第七次反法同盟击溃，6 月 22 日再次退位，被流放到圣赫勒拿岛，第一帝国覆灭。

帝国风格前

　　法兰西第一帝国时期的建筑与室内风格被定义为帝国风格（Empire

style），它是法皇拿破仑一世于1804年为提高个人威望而命名的装饰风格。它是新古典主义风格的晚期翻版，特别与拿破仑为其寓所订制的家具和装饰品的样式有关，其特点是使用埃及、古希腊、古罗马的艺术形式和大量垂饰。帝国风格对整个欧洲及北美都产生了不可低估的影响。

1789年法国大革命发生后，虽然一些对于政治比较敏感的建筑师和设计师得以幸免，能在革命之后重操旧业，但是以波旁王室资助为基础的设计时代已一去不复返了。大革命后期的风格被称作"督政府时期风格"，它是1794年在督政府统治时命名的，它受到法国当时最著名的设计师之一乔治·雅各布（Georges Jacob，1739—1814）的影响。雅各布的设计尝试更严谨的古典主义，形式生硬，采用直线条，其装饰细部让人想起法国大革命，如紧握的双手、剑、矛等主题。当拿破仑一世

室内场景

贡比涅王宫内王后的早餐厅。该王宫是一座新古典式建筑，于1751—1788年建成，拿破仑下令重新进行了装修，室内由路易斯－马丁·伯绍特设计，现为博物馆。

于1799年掌握大权时，这些题材就更流行，创造了一个亚时期，被称作"执政风格"（Consulate Style）。这时期，窗帘和壁纸使用广泛，用带有斑纹的丝绸和锦缎做成暗示矛和标枪图案的花边和流苏。桌子带有金属基座和大理石台面，模仿古罗马设计，隐喻罗马帝国的军事力量。

为政治服务的设计

帝国风格是拿破仑的两个御用设计师查尔斯·佩尔西埃（Charles Percier，1764—1838）和皮埃尔·弗朗索瓦·伦纳德·方丹（Pierre

室内场景

巴黎波利尼酒店原来是拿破仑私人秘书和外交官波利尼的宅邸。图中为波利尼酒店的门和过道装饰细节。

室内场景
波利尼酒店的主卧室。

Francois Leonard Fontaine，1762—1853）创造的，他们从古罗马、希腊、埃及的设计风格中大量吸收装饰特点，极力否定波旁王朝的风格，是一种利用设计达到政治象征目的的典型例子。佩尔西埃和方丹被认为是第一批职业室内设计师，因为室内设计通常由建筑师、艺术家和工匠一起合作完成。这两位设计师控制了全部室内设计的工作，并且出版了设计图集，所以帝国风格在德国、英国、奥地利等欧洲其他国家也得到了迅速而广泛的传播，一时被争相模仿，成为时髦的上流社会追捧的对象。

帝国风格的另一特点是引入了帝王和军队的符号，豪华奢侈和严谨精确得到了完美的统一。当时考古新发现的庞贝古城的设计元素，如红墙、镀金装饰镜子的使用、黑色和金色的家具等，都被当作古典元素而加以引用。目前保留下来的枫丹白露宫、马迈松府邸都是帝国风格的典型代表。此外，卧室中，床被设计成了象征华丽帐篷的形式，松松的装饰帷幔沿着墙和床边铺陈，隐喻拿破仑在战场上忙碌着。家具则常涂上黑色油漆，带有镀金的细部，如刻成鹰状的束棒。拿破仑名字的首字母"N"经常出现在家具中。1801年，法国发明家约瑟夫·玛丽·雅卡尔（Joseph Marie Jacquard，1752—1834）发明了提花织布机，使带有图案的缎子可以大批量生产，而滚筒印刷机的发明也让漂亮壁

室内场景（对页图）
枫丹白露宫中的客厅区域出现代表拿破仑帝国征战符号的帐篷，家具由法国设计师雅克伯·德斯梅特设计。

家具（右图）
拿破仑宝座精致无比，拿破仑名字的首字母"N"出现在圆形靠背的中央。

纸的大规模生产成为可能。

　　尽管由于政权的变化，出现了一系列的时代风格名称，但路易十六时期、督政府时期和帝国时期的风格还是被包括在了新古典主义的大范围里。大革命以后，帝国风格的建筑实例是巴黎的凯旋门和玛德莱娜教堂（亦名军功庙）。至于第二帝国风格（Second Empire style），则是包括哥特式复兴风格（Gothic Revival style）和路易十六风格（Louis XVI style）的一种折中的装饰和建筑风格，流行于拿破仑三世任总统（1848—1852）和皇帝（1852—1870）期间的法国。

建筑外景
马德莱娜教堂，是帝国风格的建筑代表，主要由亚历山大·维格农设计。

1776—1820

新大陆强音：
联邦风格

纯粹的大陆风格

《独立宣言》的问世，不仅标示着这个新世界、新时代的开始，亦代表着建筑设计领域内"殖民地风格"已不再适用。特别是在美国独立战争结束后，新联邦的一些领导人更急于寻求一种能够在哲学上适合这个民族的建筑与室内设计风格。正是在这样的历史背景下，一个真正具有美国特征的新的风格——联邦风格逐渐确立，它以美国历史上第一个政党，即联邦党命名，延续流行于新共和国早期的几十年，即从1776年至1820年。

比起之前的殖民风格，联邦风格更加清新、更加优雅，可以用"对称、精致、优美、控制"来概括其整体特征。它主要是基于英国的新古

典主义样式发展起来的。然而，联邦风格比起英国的新古典主义风格，在形式上更加简单、纯粹，没有过分华丽的装饰，特别是在镀金、拉毛粉饰及大理石运用等方面的装饰，较以往少了很多。作为美国独立的领导人之一，美国第三任总统托马斯·杰斐逊（Thomas Jefferson，1743–1826）对于独立后美国的建筑和设计发展起了不凡的作用，他将他在法国时期认识、感悟到的法国文艺复兴建筑的古典主义和新古典主义元素运用到他自己的住宅设计中，并对其进行创新，这对联邦风格的发展产生了极大的影响。

优雅建筑里的轻柔室内

联邦风格的居所，其建筑外观由于变细的形式、曲线等特征而变得更加优雅，房间则趋于开放，显得轻快，墙面、拱顶和顶棚造型偶尔采

室内场景（对页图）
典型的联邦风格客厅，根据房间的建筑特征，一种拥有温暖舒适感的基本装饰图案贯穿于整个空间内。而作为房间视觉焦点的壁炉，其上方用大型油画或镜子来装饰，这在当时也非常普遍。

室内场景（右图）
联邦风格壁炉的装饰细节，精致的抹灰泥装饰非常引人注目。

用椭圆形，多采用简化了的古典装饰元素。在布置精美的富裕家庭中，带有楼梯的宽敞的门厅设计给人留下深刻印象——弯曲的木制楼梯拥有漂亮的桃花芯木栏杆，门厅的地板则采用白色或棋盘格图案的大理石，给人明亮优雅的视觉感受。室内的装饰元素包括简化了的古希腊和古罗马图案，比如卷叶、麦穗、满装花果象征丰饶的羊角、垂花、七弦竖琴、花环和柱式等，同时也会运用一些表达爱国之情的代表美国的图案，其中最常用的是秃鹰，这个美国的象征经常会出现在壁炉、镜框等的装饰中，令这些普通的家饰独具地域特征。

联邦风格的室内经常运用各种浅而柔和的色彩，它们与室内的光及家具的线条相结合，创造出精致优雅的空间氛围。同时，玻璃枝形吊灯和枝状大烛台所发出的光也进一步增加了房间的明亮度。通常在室内采用厚木地板，这种地板并非由殖民时代转变而来。这种地板通常会被漆

家具（左图）
采用桃花芯木填嵌工艺的书桌式文件柜，约于 1800 年到 1815 年间出产于马萨诸塞州的波士顿。

室内场景（对页图）
壁柱式拱门将楼梯与门廊共同纳入同一视觉景致。桃花芯木质弯曲楼梯扶手，是联邦风格的主要标示之一，栏杆的支柱是当时非常通用的样式，一般一个台阶上会有三种不同柱式的变化。而护墙板上方是具有东方风格的复杂艺术墙纸。

上同一种颜色，或被拼成棋盘格的图案，还会铺上一些覆盖物，覆盖物从草席到有古典几何图案的地毯。着色的铺地板布也被广泛使用，有时还会放在地毯上保护地毯。墙面较之以往则有了更多的建筑细节，比如拱门、壁柱和壁龛等，且在护墙板、墙纸等的装饰中严格遵循比例。墙面色彩的表现也非常丰富，最常用的是"威廉斯堡"蓝或"联邦"绿，而墙纸的表现力也颇强，植物、条状、几何图形或简化了的新古典图样令空间充满了情趣和活力。

联邦时期的家具可分为"早期"和"晚期"。早期的设计倾向于精巧的直线形式，表面常有装饰的镶嵌物和雕饰的小细部，运用贝壳树叶、花和篮子的主题。桌椅的腿常常又高又细，桃花芯木仍是最受人喜爱的木材。晚期则采用比较沉重的大体量的形式，常带雕刻的装饰、嵌物和黄铜边等元素。

至19世纪20年代，美国的建筑和室内设计对古希腊模式做出了新的贡献，产生了第一次对历史样式的复兴思潮，但同时在原有的样式上加入了新的思想，成为带有民族特征的新样式。联邦风格，作为美国独立后所形成的第一个建筑和室内设计风格，意义非凡。

家具
费城产针线桌上的竖琴式支座，是联邦风格家具的特有样式之一。

1811—1830

重彩搅动浓墨：
摄政风格

摄政王与异国情调

英国摄政时期（Regency），一般指 1811 年至 1820 年这段时间。但广义的摄政时期，则包含 1811 年至 1837 年约三十年的时间。1810 年，英王乔治三世（George Ⅲ，1760 年至 1820 年在位）已 72 岁，因白内障近乎失明，同时备受风湿病的困扰，到 1811 年年底，又陷入永久性精神失常状态，随即被安排前往温莎堡生活，开始与世隔绝的孤僻生活，直到去世。他的长子威尔士亲王乔治自这年（1811 年）起担任摄政王，摄理君职，直到乔治三世于 1820 年去世为止。威尔士亲王自己执政的年代称为乔治四世时代（George Ⅳ，1820 年至 1830 年在位），后因无子女继承，王位又传给其弟威廉四世（William Ⅳ，1830 年至 1837 年在

建筑外景
蓝色的砖墙, 白色的窗框, 这是摄政风格的鲜明建筑特征。每个窗台上有序摆放的花架充满了浪漫主义风情。

位)。而从 1811 年至 1837 年这个时间段内的英国建筑及室内设计样式, 被后世称为"摄政风格"。

　　摄政风格源于 18 世纪晚期的新古典主义, 并深受当时法国拿破仑帝国风格的影响。拿破仑在军事上的辉煌胜利和政治上的勃勃雄心影响了威尔士亲王, 让他热衷于复制古代工艺品, 想把自己的帝国和古罗马联系在一起, 这都成为摄政风格的发展动力。华丽的古典装饰和异国情调的表达是该风格最突出的特点, 伴随着当时人们丰富的想象, 流行于英国和欧洲大陆的传统古典之美被推向了顶峰。作为一种艺术风格, 摄政风格的工艺品造型更笨拙庞大, 装饰更加华丽, 社会趣味越来越偏向异国情调, 这让来自土耳其、印度、埃及和中国的母题得以频繁使用。

浓色与守成

摄政时期的室内装饰，强烈表现建筑元素，并强调浓重的线脚、大量的涡卷或线性的细部，让装饰与建筑细节统一起来，从而达到整体的效果。而为了弥补石头、石膏和大理石等建筑元素在室内产生的硬冷感，作为软饰的家具和摆设便更加华丽。一般来说，室内都会有极为丰富的织物作为装饰，比如上好的丝绸、天鹅绒、绸缎和锦缎等，并与印花棉布和亚麻布共同使用。如此布置，不仅奢华，且更具有浪漫色彩。此外，能让人眼前一亮的色彩组合也很常见，例如丁香紫与硫磺色的组合，深红色与翠绿色的搭配等。

摄政时期的英国建筑师和建造者，是自觉遵守一些建筑规则的最后

室内场景
三人沙发对面的三把单人扶手椅可以说是摄政风格配色及用料的最佳诠释。

建筑外景（对页图）
拱形且有序排列的窗户令摄政风格的建筑既严肃又浪漫。

一代。比如将墙划分成檐口、墙面和墙裙，注意修正檐口的细部、墙裙扶手和踢脚板等。顶棚的装饰有一个非常重要的变化，即从18世纪末期的宏伟建筑精致且遍布全身的装饰，转变为一种新的朴素形式。装饰通常仅限于檐口和顶棚的边缘部分以及藻井部分，同时，受人喜爱的形式和图样也变得越来越粗犷，其基础是罗马晚期建筑庄重而古典的图样，或者是希腊式花瓶或其他图样，其中最流行的是基于蔷薇花饰和器皿形饰，以及呈放射形的棕榈叶或其他叶形图样。

重新上位的壁炉

这个时期对大多数住宅来说，标准的地板仍然是厚木板（杉木或者松木）拼接地板，仅在非常富有的家庭中才会使用更好的木材或镶花地板。入口大厅仍会使用石材地面，且石材通常作为厨房和地下室的材料。当时的地毯款式非常多样，英国制造的土耳其地毯和其他传统图案的地毯、绒毛地毯等都是受人欢迎的款式，同时较为廉价的苏格兰地毯和粗毛毯也非常普遍。更具特色的是，当时室内铺设的地毯并非毫无章法，有从墙到墙的整体图案地毯，能与建筑紧密结合，从而真正做到室内装饰与建筑元素的统一。

摄政风格的居家客厅内最重要的家具之一的壁炉，与18世纪相比，其外框部分也有明显的简化趋势。平坦的侧柱从面板凸出，方形基础块支撑直线楣石，楣石表面也是平坦的。乳白色的雕刻大理石、脉络纹灰色大理石或白色大理石都是当时颇受欢迎的材料。在较为朴素的建筑中，壁炉周围用木材制作，油漆成大理石的样子。室内楼梯仍是一个体现身份和地位的主要标志，其建造、工艺和材料都严格符合尺寸和用途的需要。在最精美的住宅里，楼梯采用石材、铸铁栏杆和方棱木栏杆配红木扶手，这成为主流。摄政时期风格的楼梯扶手的末端是带圆帽的较为纤细的楼梯端柱，梯阶的末端往往装饰有雕刻。在一般家庭的住宅内和富裕家庭住宅的楼梯上段，楼梯一般采用木材，且样式同乔治晚期的风格一样，扶手为抛光的红木材质，其他部位的木材都被漆上暗色、采用单一色调或木纹图案。阶梯的设计会铺设毛毯，通常用钉子把毛毯固定。

盛装窗与床

摄政时期的家具很大程度上受到法国督政府时期样式和帝国式设计的影响，可依稀在摄政时期的家具中找到古希腊、罗马，甚至埃及、印度、中世纪哥特样式的影子，比如希腊型花样、天鹅、交叉双矛、鹰头狮身带有翅膀的怪兽、狮身人面像、棕榈树和金字塔等。在材料方面，红木和花梨木极受欢迎，并常伴有黄铜的镶嵌物和装饰细部。

家具（左图）
镀金嵌铜的红木扶手椅，由法国艺术家维万·德农设计。其灵感源自 1798—1801 年德农受邀参加拿破仑对埃及的远征，埃及的艺术元素不仅被带回法国，且流布到了摄政时期的英国。

室内场景（对页图）
摄政风格的居家客厅内最重要的家具之一是壁炉，与 18 世纪的相比，其外框部分也有明显的简化。

摄政时期床的幔帐和窗帘一样，华丽且有多层。卧室的床、窗户和墙等处都采用绚丽多彩的丝绸、色彩明丽的印花棉布和半透明的薄纱。有时窗户上方的垂花帷幕会绕满整个房间，出现在门框上方、壁炉的壁饰上方及床上方。窗和床的幔帐也可以直接挂在墙上。很多窗帘都有色调对比强烈的里衬，在白天掀开窗帘后用系绳系住时，露出不同色调就会产生生动的效果，暗绿和金色或肉粉色的组合是最经典的搭配。四柱"英式"床在摄政时期变得不怎么流行了，然而，很多人还是偏爱它，把它装点得非常高雅。和帝国风格不同的是，摄政风格的设计包含了哥特复兴风格的形状和母题，哥特复兴风格的四柱式床的特点是具有厚重的帷帐、带垂花的帷幕装饰、带小尖塔形和卷叶花样等浮雕并涂金的檐部，这样的床非常适用于中世纪的巨大城堡中。

盛装的窗户是摄政风格的一个特点。受法式帝国风格的启发，摄政风格的窗帘包括许多层，往往不按对称性布置，并且边缘饰有须边、穗和缨等。外层窗帘往往完全作为装饰帘，用系绳、丝带、木质或金属拉钩将其拉到一旁，显得很优雅；第二层窗帘用丝或细薄的棉布制成，有时会被拉到一旁。多数窗户还会有遮光帘，以便保护隐私或抵挡强烈的阳光。在窗户的上方，长度不同的织物可以从托架和尖叶饰物的横杆上垂下。如果一面墙有两面或多面窗户时，多面窗户就会用帷幕连接起来。高大的窗门在摄政风格期间很常见，即使在很普遍的房屋中也常见。这样的门可以使相毗连的两个房间行使一个房间的功能。与摄政风格时期房屋的其他建筑元素相似，门的设计比乔治风格晚期简单。这一时期的门有四或六块镶板，纤细的线脚勾画出镶板的轮廓。宽大的房间中的门框上方可能有古埃及和古希腊复兴风格、中国或哥特风格的横木装饰。

室内场景（对页图）
摄政时期床的幔帐和窗帘一样，华丽且有多层。

镜子功能的拓展

摄政风格时期室内的镜子有很多用途。镶嵌在涂漆或镀金镜框内的硕大的矩形玻璃往往直接设置在壁炉架上方。镜子的装饰一般包括小凸嵌线、镜角处的团章和古希腊、古埃及风格的装饰母题等。最有名的摄政风格的镜子是墙上实用的圆形凸面镜。这种圆形凸面镜有镀金的镜框，镜框上面有球形装饰或在镜框边缘装饰以串珠形的线脚。在镜框的顶上可能冠以鹰形饰；或在镜框的两旁装饰以用作蜡烛托的蛇形装饰。对于更衣室来说，摆设带红木或椴木框架的转动式穿衣镜或立式穿衣镜会是非常时髦的。

到了摄政风格晚期，出现了另一种能够觉察到的审美变化，那就是加倍喜爱自然化装饰。因此，虽然这个时期的装饰以奢华出名，但大多数普通家庭并非装饰得异常华丽，而是根据自己的情况来进行布置和取舍。照明方面，干净、效能更高的油灯照明成为主角，地板则通常被铺以地毯，整个空间明亮、通风，拥有一份舒适优雅的气质。然而，这个在18世纪影响甚广的摄政风格终究未能抵挡住19世纪开始的整个技术革新时代的潮流，展现传统风范的乔治王朝最终在新的挑战面前被颠覆了。但是，无论历史如何发展，摄政风格在设计史上的重要地位和对今天古典派室内装饰的影响仍然存在，并给现代人以启迪和借鉴。

1837—1901

波澜壮阔：
维多利亚风格

繁荣与复兴

　　维多利亚时期也许是英国历史上建筑最为多样且最富有特色的年代，反映了当时社会和技术的巨大变革。漫长而精彩的乔治王朝之后，英国进入了维多利亚（Victoria，1837 年至 1901 年在位）时代。维多利亚女王在位 60 多年，英国在政治、经济、军事上都达到鼎盛，维多利亚女王成为英国强大和繁荣的象征。"这个女人就是大不列颠帝国"。今日的英国，三分之一的住宅始建于 1914 年之前，且多数是维多利亚风格，在 19 世纪 50 年代至 70 年代，维多利亚风格的城市住宅建筑达到高潮，直到 20 世纪二三十年代才逐渐被超越。

　　英国维多利亚风格主要是对过去时代的复兴。从希腊复兴、文艺复

建筑外景

英国北安普敦郡的这栋建筑将哥特细节融入到了维多利亚早期风格中。

兴、哥特复兴，直到后期的工艺美术运动，出现了大量多彩多姿的建筑。时尚的维多利亚城市居民对于单调乏味和平坦朴素的传统乔治风格联排式住宅感到厌倦，并且那时的联排式住宅已经被煤灰和尘土覆盖。人们希望有颜色和生气。这种感觉并非贵族和地主所特有，在工业革命时代，出现了新兴的富人阶层和中产阶级，他们不仅自负于自己的成功，而且试图在住宅建筑上明确地表达自己的成就。他们中的许多偏向模仿哥特式风格，以其浪漫的魅力，暗示自己拥有古老的血统，哥特复兴式由此成为时尚。

泛哥特化和多重样本

哥特复兴式最早在 18 世纪开始出现，到 19 世纪，建筑理论家和设计师奥古斯都·普金和他同时代的一些人，试图鼓励建筑师使用准确的哥特式细部，但开发商往往对建筑风格学术上的准确性没有兴趣，他们经常随意地将几种风格元素混合使用，包括希腊复兴风格、罗马风格、都铎式风格，以及伊丽莎白和意大利式风格。一个建筑可以采用半木材结构、传统格子窗、红砖和赤褐色陶瓦装饰以及用金银丝装饰的铸铁门廊。

当时，维多利亚住宅的风格形象出现了两个极端，一方面是理查德·诺曼·肖（Richard Norman Shaw，1831—1912）等建筑大师设计的乡村住宅令人惊奇而富有创造性的模样，它们或者是半分离别墅，以摄

室内场景
这个客厅由建筑师理查德·诺曼·肖设计，该建筑位于英国罗斯伯里。

政风格为原型，或者是意大利风格的郊区别墅，带有抹灰拉毛地面（在19世纪三四十年代非常流行），还有一些是带有对称平面和都铎细部的砖砌别墅；另一方面则是低劣的城市联排式工人住宅，它们的造型简单而缺乏生气，内部设施也已趋老化。

到19世纪60年代末，修正后的英国哥特式成为流行，与此同时，轻巧明亮、颇具影响力的安妮女王复兴风格也悄然加入，其鲜明特点包括：白色拉毛的格子窗、漂亮的阳台、弯曲的山花和带有砖砌或陶塑的外墙装饰。这时的玻璃和砖比以前要便宜得多，具有特色的陶塑装饰令整个不列颠的建筑都具有了优雅的外观。

建筑外景

维多利亚时代由于材料生产的大发展，其门头装饰手段也更丰富多彩。这栋建筑位于英国约克郡。

建筑外景

入口处的铁艺装饰非常精致和实用，适合多雨的伦敦地区。

新需求、新问题

　　维多利亚时代的中产阶级对健康的关心也表达在了住宅建设中，这在改进后的卫生设施中可以体现出来。通风也非常重要，这时候的住宅屋顶上出现了无数通风帽，一般用角楼和钟楼来加以修饰。同时，随着铁路和地铁的普及，在维多利亚时代成千上万的人离开城市，到越来越远的农村寻找自然、舒适和便宜的住宅，他们享受到了清新的空气，并触发了怀乡之情，于是形成了一种新的理想样式——郊区花园住宅。

　　维多利亚时代，随着英国国力的空前强大，富有人群和中产阶级人数大增，加之家居用品各行业生产能力的飞速发展，产品变得廉价，人们拥有了自行挑选风格样式做装饰，进行自由组合的机会，也因此很难对维多利亚样式进行准确分类，它其实包括了各种装饰元素、样式的混合和没有明显样式基础的创新装饰的运用，以致许多20世纪的设计史学家将维多利亚式的设计斥为过度的装饰，认为其极度无品位。

门第悬殊

在维多利亚时代的住宅中，门廊设计不仅是为了保护客人不受雨天气候影响，也是为了表现主人的社会地会。凸出的门廊与凹进的门廊相比，前者说明主人富有得多。前门一般是嵌板门，有时也有哥特式拱廊，通常漆成绿色或者木纹色。上部镶嵌玻璃或者采用扇形窗，使得更多光线进入走廊。至于门环和门把手，在工业化生产的基础上，其样式和产量都十分可观。

对于普通工人阶层来说，住宅抵御寒冷的功能仍然非常重要，在小的联排式住宅中，门后常会悬挂一个门幕以使房间更加温暖；通向最重要房间的门有时会厚达8厘米，并带有大面积嵌板和线脚，这不仅用来表示房间的重要性，而且木板密度越高，私密性和保暖性也更高。在最朴素的房间中，门一般采用不足2.5厘米厚的木框加上薄嵌板组成，嵌板上可以不加任何装饰。

随着玻璃制造技术的进步，更大更结实而且便宜的平板玻璃被大量生产，这便减少了窗户所需格栅的数量。维多利亚时代的格子窗越来越朴素简单，因此，它们的开口越来越多地采用装饰砖砌工艺、拉毛和预制陶塑。在较宏伟的建筑中，拱形窗上层的装饰花格减少了光线的透入，这也令室内家具不易因光照而褪色。而使用的窗帘已和当代完全一致了，如大量使用须边、穗缨、小羊毛球等边饰，内层窗帘则用网眼织物或薄纱制成。

室内场景（对页图）
这种类型的窗帘在维多利亚时期大受欢迎。

"天花乱坠"

维多利亚时代，习惯上仍然认为室内墙可以分成三部分，地板到墙裙或者椅子扶手的高度为护墙板，墙裙到画面横杆的高度为墙身，以上高度为雕带部分，其中包括檐口。大厅和书房一般嵌板墙，与豪华住宅中的餐厅一样，深色木材令背景显得优雅，上面悬挂镀金边油画。客厅被视为女士的房间，用于喝茶，它的墙面装饰较少。墙纸被大量使用，且品种繁多。墙面色彩运用堪称经典，暗红、明黄、橄榄绿、淡紫等先后流行，这些鲜艳的色彩对居室气氛有绝对的烘托作用，同时也是品位的象征。通常，室内的饰品都会自觉地与色彩找关系，这样原本有些过度装饰的空间也就不会显得太过凌乱。而在入口大厅，用大理石设计的墙面也较流行。

维多利亚时代，对天花板的装饰大量使用了石膏。精细的垂花、肋状物和花卉以及结彩，如同檐口缠结的图案一样，都令室内的整体气质得到了很大提升。在考究的房间中，汽灯从华丽的天花板玫瑰图案的大

室内场景（对页图）
书房中的石膏天花板装饰美轮美奂。

家具（右图）
维多利亚早期的胡桃木座椅，是天鹅绒装饰的文艺复兴式样，上有妇女头像、植物、龙、花瓶等为内容的雕刻装饰。

室内场景

这是一个典型的维多利亚式壁炉，大理石的外框，并做了金属的护栏，其壁炉本身就成了收藏品的展示中心。

圆浮雕中悬挂下来，天花板有足够的高度，高贵的同时，也利于空气流通。天花板一般涂成灰白色或石头色。

在朴素的维多利亚住宅中，一般使用松木地板，习惯上用地毯覆盖，然后用蜂蜡和板脂对暴露出来的周围部分着色和磨光。镶木地板，即用小块不同着色的硬木铺设成几何图案，作为装饰中央地毯的周围部分，仍然是相当流行的选择。而大厅地板通常用釉彩瓷砖铺设成几何图案来装饰。厨房地板不少采用石材或者地砖铺设。

两团火焰

维多利亚时代的住宅中，壁炉的地位相当重要。事实上几乎所有住宅都有壁炉，它一般包括两个部分：现成的铸铁炉架和烟囱以及外框部分。一般采用大理石、石板和木材制成。炉架两侧流行使用带颜色和图案的嵌板瓷砖，最初这是在大宅建筑中使用，到19世纪中期，已经大量制造铺有瓷砖的炉架了。壁炉的款式也是维多利亚风格本质特色的体现，典型的是用大理石制造的，具有洛可可和文艺复兴风格，大理石和石材上有精细的雕刻装饰，开放式的壁炉区充满了温馨的家庭气氛，壁炉上的饰架、旁边的陈列架、随意摆放的座椅及装饰镶板和各种工艺品，构成一个复杂的整体，成为房间的焦点。而在较小的建筑和大建筑的次要房间中，木制的壁炉外框较为普遍。它们根据木材的质量被磨光或油漆。

厨房普遍使用嵌入式炉灶，以煤炭为燃料，用铸铁制成，有"开放"和"封闭"两种方式，后者在维多利亚时代越来越流行，人们在

室内场景
嵌入式灶台已然成为维多利亚风格厨房中的重要角色。

平台上加热食物比在开放的灶台上干净，并且炉火可以整夜得以保留。到19世纪末，煤气炉开始使用，费用昂贵，而且需要有可靠的燃气供应，但因为不持续散发热量，对于夏季需要凉爽的厨房来说，是非常理想的选择。

楼梯、家具及其他

维多利亚时代的联排式住宅通常有"无楼梯间式"楼梯，造价低廉、节省空间，一般用松木等软木制成。在早期维多利亚时代的住宅中，通常有平坦的方截面栏杆，之后出现了更加精细的扶手转角。楼梯踏步和踢板边缘一般会上油漆和进行磨光处理，或者保留木纹和清漆，使之看起来类似橡木。楼梯中心的步行区一般放置长条形地毯，在一些位置用黄铜或木棍来固定。而在大住宅中，楼梯不少采用大理石或其他石材做踏步，扶手用桃花芯木制成。楼梯是设计的焦点，当时几乎不可能找到

室内场景（左图）
这个维多利亚风格的桌球室受到了哥特复兴风格的影响，特别是门框的结构和家具的式样，甚至是桌球台身上的纹路，都可看到哥特复兴的影子。

室内场景（对页图）
维多利亚时代非常典型的楼梯样式。

一种标准的楼梯形式。栏杆柱式的变化、各种元素的结合，使得木作也不得不非常精细，楼梯成为最赏心悦目的风景之一。

人们对于嵌入式家具的狂热，源自对于改变该时代早期混乱室内的愿望。当时出版业是一个蒸蒸日上的产业，对于大住宅来说，书房和书柜相当普遍。而在高度上，书柜经常被做到离天花板很近的地方，上面部分用檐口装饰。书房中极富有魅力的特点是都具有一个"舒适的角落"，书房内经常会在靠近壁炉的地方或者房间一角设置嵌入式座椅。而厨房的碗柜是标准的嵌入式维多利亚家具，最初开放的柜子用于展示瓷器，但后来开始加上了玻璃门。

维多利亚时代的多数住宅采用蜡烛、油灯或者煤气照明。在餐厅中，一个天花板的垂饰可以低到比桌子稍微高一些的地方，它们用煤气照明，有复杂的设施防止泄漏。墙上是突出的烛台和锻铁或黄铜制造的标准规格灯，带有铜装饰和蔓叶形装饰，给起居室照明。灯罩用精致的丝织品或玻璃制成。用切割玻璃制成的枝形吊灯在当时是一种豪华的奢侈品。煤气罩在1887年开始引进，它提供了更为明亮的光线。但随着电灯的发明，它很快被替代了。早期的灯泡用碳纤维作为灯丝，发光效率低，亮度不够，且设施安装费用昂贵，仅仅用于少量住宅；随着钨丝灯的发明，电灯的性能得以大大改善，但蜡烛仍然是必备的。直到爱德华时代，电力才逐渐变得可靠而大众化。

家具
维多利亚风格的胡桃
木卧榻。

1859—1910
现代设计的起源：
艺术与手工艺风格

回溯中世纪

　　艺术与手工艺风格时期，一般认为是 1851—1925 年，从狭义上来划分，则是 1859—1910 年。其起因是针对在装饰艺术、家具、室内产品、建筑中，因为工业革命的批量生产、维多利亚时期繁琐的装饰所带来设计水平下降而开始的设计改良运动。当时大规模工业化生产方兴未艾，艺术与手工艺风格意在抵抗这一趋势而重建手工艺的价值，要求塑造出"艺术家中的工匠"或者"工匠中的艺术家"。

　　一般认为，艺术与手工艺风格是从 1851 年在伦敦的水晶宫中举行的世界博览会开始的。这场运动的理论指导是作家、批评家约翰·拉斯金（John Ruskin，1819—1900），而运动的主要人物则是艺术家、诗人

威廉·莫里斯（William Morris，1834—1896），他与艺术家朋友爱德华·伯恩 - 琼斯（Edward Burne-Jones，1833—1898）、画家但丁·罗塞蒂（Dante Gabriel Rossetti，1828—1882）、建筑师菲利普·韦伯（Philip Speakman Webb，1831—1915）等共同组成了艺术小组——拉斐尔前派，他们主张回溯中世纪的传统，同时也受到刚刚引入欧洲的日本艺术的影响，他们倡导的是诚实的艺术，要求回复手工艺传统。他们的设计主要集中在首饰、书籍装帧、纺织品、墙纸、家具和其他家居用品上。他们反对机器美学，主张为少数人设计少数的产品。

从 1855 年开始，这些艺术家们连续不断地举行了一系列展览，在英国向公众提供了一个了解好设计及高雅设计品位的机会，从而促进了"艺术与手工艺"运动的发展。苏格兰格拉斯哥的设计师查尔斯·麦金托什（Charles Rennie Mackintosh，1868—1928）、英国设计师亚瑟·海盖特·马克穆多（Arthur Heygate Mackmurdo，1851—1942）等也起了重要作用。

绘画（对页图）
描绘 1851 年伦敦世界博览会场景的彩色石印画，展现了从南门步入水晶宫的情景。

肖像画（右图）
威廉·莫里斯，英国诗人、艺术家。他主导了英国艺术与手工艺运动，并将其推展到欧洲和北美，最终成就了一场盛大的国际艺术风潮。与朋友创办了设计工坊，后改建为"莫里斯公司"，出产家具、壁纸、织锦、彩色玻璃和壁毯等装饰产品，旨在工业化潮流中强调艺术与手工艺的审美含义。

红房子分水岭

面对 19 世纪工业革命所制作出来的冷冰冰的量产家居用品和装饰品，艺术与手工艺风格一直寻求创造一种全新的更加美好的居住环境。他们喜爱采用有内在吸引力的建筑材料，运用精细的手工艺加工制作。拉斯金把人们的注意力引向中世纪建筑，将手工艺行会成员和大教堂的建造者树立为榜样，整整一代艺术家和设计师都受到了他的影响。在他们中间，莫里斯和艺术与手工艺风格的关系最为密切，1859 年，建筑设计师韦伯为莫里斯设计的红房子建成，它是新风格建筑的开端，甚至成为古典建筑和现代建筑的分水岭。韦伯擅长从维多利亚哥特式风格转向一种较为简单的本地建筑风格，他以老式英国小屋和农舍为基础，虽然只设计了为数不多的一些住宅，但是却影响了 19 世纪 90 年代后期几乎所有的年轻建筑师。

相反，韦伯的对手理查德·诺曼·肖（Richard Norman Shaw，1831—1912）设计了许多住宅，几乎独立创造了一种颇具影响的英国安妮女王风格，这种风格的住宅有挂瓦的立面、悬垂的瓦当和水平镶边的铅花窗等特征。他还将 17 世纪佛兰德斯风格的乡村建筑细部融入他的设计，使他的建筑作品具有一种古典感。19 世纪 70 年代，肖设计了几座小别墅，这几座别墅位于伦敦西部一个被称为"贝德福德公园"的新"艺术化"郊区。作为基本元素的红砖、白色油漆的木材和门廊、凸肚窗等特征，被商业开发商迅速采纳，一直用到 20 世纪 20 年代。事实证明，安妮女王风格在美国具有极大的影响力，它主导着 19 世纪 70 年代以来有关建造的辩论和实践。肖的建筑风格有两点特征与美国式风格迥异：大量使用木材、木瓦和游廊，以及使用具有装饰性的立面细部；新奇而非同寻常的构思。

建筑外景（对页图）
红房子的局部。此处挑窗是对中世纪建筑最好的描摹。

油画

《再见英格兰》是拉斐尔前派画家福特·马多克斯·布朗 1855 年的作品。画面
表现了一对英国中产夫妇，带着孩子离开英国，前往澳大利亚开始新生活。这
也反映了当时随着人口增长，英国政府鼓励民众移民。

艺术与手工艺风格时代的室内色调由威廉·莫里斯设定，1861年，他创建了莫里斯公司，生产家具、地毯、墙纸和纺织品，一切都是最高水准的制作，只要有可能，他尽量采用传统的方法和原料，例如，最初的莫里斯墙纸有花卉及哥特式图案设计，使用天然颜料，通过木刻印刷。

唯美主义的灵感

从19世纪70年代开始，艺术与手工艺运动在风格和装饰方面受到另一个相关运动的极大影响，这就是唯美主义思潮。唯美主义的中心信条是美与技巧，与艺术与手工艺风格的原则如出一辙，然而，对于奇异风格和形式的兴趣，及其赞助人的富有，都使唯美主义运动显得更加成熟。该运动有两个主要的阶段：19世纪60年代到19世纪70年代，室内多用丰富柔和的色彩和密集的图案，与同一时代的拉斐尔前派的油画相得益彰，在有鉴赏力的收藏者中十分流行的东方瓷器被大量陈列；19

油画
《秋叶》是拉斐尔前派画家约翰·埃弗里特·米莱斯于1856年创作的作品。作为神童的米莱斯在绘画技巧上无可挑剔。

世纪80年代，这种风格似乎被打乱了，一种更为朴实简洁的风格出现在英国的肖与美国设计师路易斯·苏利文（Louis Henry Sullivan，1856—1924）和斯坦福·怀特（Stanford White，1853—1906）的作品中，怀特设计的墙和顶棚给房间一种空间感，他试图从东方寻找灵感。

两个世纪前在英伦三岛掀起的艺术与手工艺风格塑造的理念一直延续至今，人们坚持着对美丽的最朴素的追求。英国伦敦维多利亚和阿尔伯特博物馆收藏了大量艺术与手工艺风格发展中的作品实物，从1850年艺术与手工艺风格在英国的初步兴盛，到传遍欧洲和北美的辉煌，再到20世纪初的引发日本"民艺"艺术革新运动的尾声。

厚重和灵活

艺术与手工艺风格设计师为了追求纯粹的建筑样式，常将目光投向历史资料。艺术与手工艺风格时代早期，不论在室外还是室内，门通常

室内场景（左图）
日本艺术家河井宽次郎所设计的一套住宅的主客厅装饰实景，带有日本"民艺"精神的朴素特质，位于东京。

建筑外景（对页图）
该建筑由英国建筑师爱德伍因·鲁特延斯与蒙斯塔德·伍德设计，建造于1897年，属艺术与手工艺风格，花园由英国女园林设计师、作家和艺术家格特鲁德·简克尔设计。

建筑外景

世纪行会 1886 年为柴郡的波纳尔大楼制作的主门，精致的木雕和铁艺无不出自手工制作。

都用平整的厚木板制造，其灵感来自于中世纪，这些门常常配有雅致的铁铰链和门闩，而不是把手或拉手，另一个灵感来自乔治时代的六嵌板门，尽管比例有一些细小的变化。住宅的入口是欢迎客人的地方，门廊设计是艺术与手工艺时代住宅的重要特征，尤其是在后来的设计中结合了座椅。19 世纪 80 年代，唯美主义的室内，门具有复杂的雕刻或被精致地上了油漆，后者颇具影响，许多标准的维多利业四嵌板门都用油漆或壁纸裱糊装饰来加以强调，通常，流畅的花鸟装饰盛行。铅玻璃和彩色玻璃也都很流行，后期的一些设计受到了新艺术运动的影响。

推拉窗常常与现代平板玻璃联系在一起，木制门式窗常常用小块玻璃镶嵌。然而 19 世纪 70 年代，随着安妮女王风格的到来，推拉窗进入了一个新的阶段。理查德·诺曼·肖大规模使用推拉窗，并且，其加长比例的倾向极具影响力。一种流行的样式是，上面是一对推拉窗，下面是一个带有单块玻璃的嵌板。艺术与手工艺风格后期，对于光线和空气的重视在住宅上得到反映，住宅大面积使用窗户，凸肚窗非常流行。宏伟的住宅有石材竖窗棂，但大部分都采用混合或陶塑材质，后者是佛兰芒风格的红砖小城镇住宅中引人注目的特征。而唯美主义的口味则喜欢伊斯兰风格的洋葱形拱窗和彩色玻璃。

莫里斯纹样大行其道

虽然许多室内仍然将墙面分成三部分：墙裙、墙身和檐壁，但英国的艺术与手工艺风格建筑师都使用较高的墙裙嵌板，而没有采用古典比例。他们偶尔也使用整片嵌板，一般用于大厅或餐厅。磨光的本地木材

室内场景
纵向立式推拉窗，增强了采光透气的效果。

仅限于用在大型住宅中，油漆的嵌板檐壁常为白色或乳白色，灰绿和橄榄绿也是比较流行的唯美主义色彩，镂花檐壁也非常流行。伦敦的莫里斯公司从 19 世纪 70 年代开始生产细致的壁纸。威廉·莫里斯的设计见于英国各个阶层的住宅中，也见于美国较好的住宅中。早期的墙纸是花卉或中世纪图案，从 19 世纪 80 年代开始，唯美主义的墙纸也表现出来自日本的影响。

壁纸
威廉·莫里斯于 1875 年设计的作品，叶片卷曲楺杂，异常美丽。

室内场景
红房子里的客厅。

在艺术与手工艺风格的早期，建筑师尽了最大的可能来保持与中世纪后期形式的一致性。他们使用挖槽去角的梁和设计好的石膏顶棚，并点缀了肋条、线脚垂直和浮雕。一些唯美主义的顶棚显示出来自东方的影响，它们带有复杂的藻井，被油漆或者镀金。20 世纪 20 年代后期，在他们晚期的作品中才表现出一种更加注重装饰的倾向，这些作品运用西班牙风格的雕刻梁和凸起的石膏制品，大型住宅建筑都喜欢使用桶形拱顶，有时还有音乐家回廊。20 世纪早期，复杂的预制石膏制品逐渐流行起来。

最上等的木材地板是用较宽的树干切割而成的，其坚固性无与伦比。当然，精心选择的厚木板也同样可以接受。橡木仍是最佳选择，其天然美感只需要简单抛光就足以强调出来，其他常见的木材包括枫木和珍贵的硬木。木地板的颜色常与邻近的墙面嵌板一样深，染色只是针对等级较低的松木地板而采用的措施。19 世纪 60 年代初期，油漆地板也短暂地流行过，比如使用深蓝色或者印第安红色。石板在乡村住宅中则非常流行，它一般用在门厅或起居室。地毯也被广泛使用，威廉·莫里斯设计了许多具有复杂而规则图案的非常美观的地毯。真正的土耳其、印度和波斯地毯，甚至包括简单的垫子，一直深受欢迎。

木质的古朴

壁炉是英国特别重要的家居组成部分。在大型住宅中，壁炉可能体积很大。19世纪80年代，简单的壁炉架往往有一个陈列瓷器的架子，最宏伟的壁炉类似文艺复兴的巨型壁炉墙，上面往往布满了伊斯兰或中国瓷器碎片。纯石材或砖砌壁炉墙是20世纪初期工匠设计的代表，在更精致的设计中，引入了雕花壁炉架饰板和金属炉钩。壁炉檐口流行使用瓷砖，包括系列图案瓷砖，较为严谨的瓷砖常常有浮雕装饰。

楼梯成了入口和起居室的中心。19世纪的许多楼梯使用坚固的木材建成，木材可以油漆（如果是下等木材），或者更受欢迎的是磨光。栏杆常常被制成17世纪或18世纪的栏杆类型，中柱的雕刻一般非常丰

室内场景（左图）
红房子里的楼梯。

室内场景（对页图）
英国设计师麦凯·斯考特的设计作品，其中德壁炉结构稳重，装饰简单，符合艺术与手工艺运动的基本原则。

家具
1860—1862 年由威廉·莫里斯设计的蜜月橱柜。

富, 19 世纪 80 年代由莫里斯公司设计的中柱已经装有早期的电灯。在艺术与手工艺风格时代的晚期, 栏杆比较简单, 有方形剖面, 它们常常延伸, 把楼梯围合在一个竖直的小屋中。铁制品主要用于楼梯栏杆, 由于受新艺术运动的影响, 栏杆迂回曲折, 非常雅致。

嵌入式家具满足了艺术与手工艺风格的手工艺要求。无论是一个高背长椅靠在壁炉边, 宽大的凸窗下放置窗台座椅, 或是一排长凳和长条形餐具架靠着餐厅墙面布置, 所有这些都给人平淡而传统的建筑感受。嵌入式家具也非常实用, 它最大限度地减少了杂乱, 而杂乱恰恰被 19 世纪后期的设计师视为中期维多利亚装饰的一个经常遭受诟病的缺点。威廉·莫里斯以一个高背侧长椅, 在他的红屋中开创了一个先例。这个早期的例子是为拉斐尔前派的艺术家设计的, 它们用装饰丰富的嵌板来加以强调, 通常都采用画家本人的作品。然而, 19 世纪

70 和 80 年代，唯美主义较为成熟的口味则倾向于喜爱大的、精美加工的架子和壁橱，它们常常被布置在壁炉周围，壁炉架上有许多架子和壁龛。后来的设施加工比较简单，20 世纪早期的艺术与手工艺风格的用于展示书和瓷器的玻璃橱柜、起居室和餐室周围的座椅等——都是现代家具系列的先驱。

精湛的细节

艺术与手工艺风格的每一个住宅细部的质量都很高，在许多由建筑师设计的住宅中，每一个最新型的门闩都是由设计师精心构思出来的。然而，随着艺术与手工艺风格和唯美主义风格日渐流行，大量商业化的

室内场景
台灯和桌子的拉
手具有明显的工
艺美术风格特征。

金属制品出现了，包括嵌板、格栅和栏杆大门等。20世纪早期，金属制品日益发展成为一种抽象而雅致的家居装饰品。

精细而娴熟地应用木工制品是艺术与手工艺风格的核心原则。尊重手工艺和美的回归贯穿在整个艺术与手工艺风格和唯美主义风格的住宅中，这种理念也常常在"传统的"木制元素中表现出来，包括栅栏、门、门廊、阳台和回廊。

注重家的重要性，同时注重宜人环境的重要性，许多栅栏是纯粹的线形，配以一系列方形剖面的栏杆。车制的栏杆也时有发现。受17世纪的影响，在唯美主义风格中，采用了更加具有异国情调的东方形式。同时注重比例，栅栏和大门倾向于拉长比例，大门常常带有凉亭或棚架。

建筑外景
位于美国纽约乡村的一所宅邸，美国设计师古斯塔夫·斯蒂克利的作品，其木结构的建筑主体同周边的环境融为一体，门廊处的座椅既是典型美国乡村住宅的标识，也是简朴的手工艺作品。

1880—1910

设计艺术的新生：
新艺术风格

变化多端

　　西方艺术史上的所谓"新艺术运动"，原文为法文 Art Nouveau，是一个专有名词，源于一德籍法国艺术品商人塞缪尔·宾（Samuel Siegfried Bing，1838—1905）在巴黎开设的一间名为"新艺术之家"（La Maison Art Nouveau）的商店。严格来讲，"新艺术"运动是一个有欠规范的名称，它所指涉的真实对象是百余年前在西方兴起的一种艺术设计思潮及艺术实践的总体风尚，但其范围并不局限于法国。Art Nouveau 一词仅仅是法国对于上述思潮和风尚的称呼，在其他国家和地区，对这种艺术风潮有着不同的称呼，例如在奥地利，这一思潮和风尚被称为"分离派"运动（Vienna Secession），在德国被称为"青年风格"运动

纹样
法国设计师菲利克斯·奥伯特于 1897 年设计。鸢尾花及
其茎叶和水纹的曲线直接反映了新艺术风格的特点。

（Jugendstil），在意大利则被称为"自由风格"（Stile Liberty），等等。虽然名称各异，但若从总体和历史的观点来看，与19世纪前期和此前的西方艺术风格相比较，在各个国家发生的上述这一风潮又都同时体现了一个"新"字——它们都是对当时占据主导地位的传统艺术形式和正统艺术风格的更新、扬弃乃至背离。因此，在这一意义上，笼统地以"新艺术"来称呼它们，却也有其合理性。新艺术运动是一场声势浩大的跨越世纪转折点的艺术潮流，它前承19世纪中后期的工艺美术运动，后启在两次世界大战之间流行开来的装饰艺术运动，以及后来的现代主义思潮，因此新艺术风格作为一种过渡，在西方艺术发展及工艺设计史上具有重要的地位。这场运动大约始自19世纪80年代，在1890—1910年达到了顶峰。

室内场景
塞缪尔·宾为参加1900年巴黎世界博览会而布设的展会场景。在总体的设计构思中，宾特别强调对"整体艺术"理念的体现，力求将整个场景作为一个有机的结构来对待，在整体氛围与局部特征之间谋求相得益彰的和谐效果。

新艺术风格不是单一的一种风格，它分为直线风格和曲线风格，装饰上的和平面艺术的风格，并以其对流畅、婀娜的线条的运用，有机的外形和充满美感的女性形象著称。这种风格影响了建筑、家具、产品和服装设计，以及图案和字体设计。能够被称为新艺术风格的作品，一般有以下特征：一、拒绝继承维多利亚式或历史复古主义风格。二、采用现代材料和现代技术，如铁、玻璃、电灯。三、与各种视觉艺术类型联系紧密，把绘画、浮雕、雕刻等运用在了建筑的室内外设计中。四、装饰主题来源于自然，如花、葡萄藤、贝壳、鸟的羽毛、昆虫的翅膀等。五、较多采用曲线形式。

新艺术风格这种新形式艺术，带有欧洲中世纪艺术和 18 世纪洛可可艺术的造型痕迹，强调手工艺文化的装饰特色，带有东方艺术的审美特点，也运用工业新材料，包含了当时人们的怀旧和对新世纪的向往之情，是人们从农业文明进入工业文明的过渡时期所有复杂情感的综合反映。这一运动带有较多感性和浪漫的色彩，表现出世纪末怀旧和憧憬兼有的情绪，是传统的审美观和工业化发展进程中所出现的新的审美观念之间的矛盾产物。

闪耀的法国群星

作为"新艺术"的发源地，法国的两个主要艺术中心是首都巴黎和南锡市。其中巴黎的设计范围包括家具、建筑、室内、公共设施装饰、海报及其他平面设计，而后者则集中在家具设计上。1889 年由桥梁工

水罐和浅盘（对页图）
美国银器厂戈尔翰银器公司 1901 年出品。其夸张的曲线和瘤状装饰具有鲜明的新洛可可风情。现藏于美国纽约大都会博物馆。

程师亚历山大·埃菲尔（Alexandre Gustave Eiffel，1832—1923）设计的埃菲尔铁塔堪称法国新艺术风格的经典设计作品。

　　埃米尔·加莱（Emile Galle，1846—1904）是南锡派的创始人，他在设计艺术方面的成就主要表现在玻璃设计上。他大胆探索与材料相应的各种装饰，创造了一系列流畅和不对称的造型，以及色彩丰富、精致的表面装饰。他的玻璃作品显示了他对圆形的偏爱、对线条运用和对花卉图案处理的高超技能。常用的图案是映现在乳色肌理上的大自然的花朵、叶子、植物枝茎、蝴蝶和其他带翼的昆虫。他的家具也与他的玻璃作品一样，其装饰题材以异乡植物和昆虫形状为主，鲜花怒放和花叶缠绕构成了它们独特的表面装饰效果，具有象征主义特征。他常使用细木镶嵌工艺进行装饰，使家具精美而雅致。他在家具方面最有名的设计是1904年的"睡蝶床"，蝴蝶身体和翅膀所使用的玻璃和珍珠母表现了薄皮肌肤，木头黑白交替的图纹则再现了翅翼的斑纹。

家具

加莱创作于1900年的《黎明和黄昏》，也称"蝴蝶床"。作品以精湛的镶嵌和雕刻工艺，展现了蝴蝶生动优美的形象，同时象征着每天的开始和结束，喻示着生命永恒的轮回。

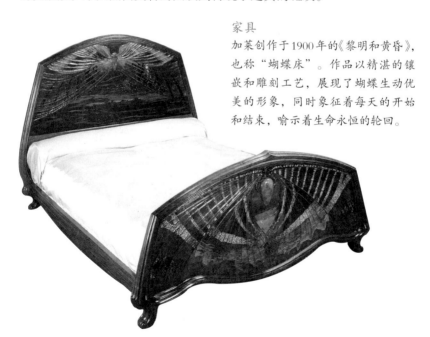

家具

马瑞尔常常先用黏土制成家具模型，以便将更完美的自由风格淋漓尽致地体现在家具的细节之中。在这件名为《睡莲》的作品中，马瑞尔采用了青铜及名贵木材。

　　路易－让－塞尔维斯特·马瑞尔（Louis–Jean–Sylvestre Majorelle，1859—1926）是南锡派的另一位代表人物。他的成就主要表现在家具铁器上。和加莱一样，他的作品融合了异国和传统的成分，包括新洛可可图案、日本风格和有机体形状，以及受自然启发的形状和装饰。其作品的构造和装饰表现出流畅的节奏，圆形轮廓和倾斜线条赋予作品雕塑感。在他的设计中，功能从属装饰的特点十分明显。由于马瑞尔在家具设计方面成就卓著，他的作品有"马瑞尔式"家具的美称。

　　雷内·拉力克（Rene Lalique,1860—1945）的成就主要体现在珠宝方面。他的作品是娇柔豪华的法国新艺术风格的最好见证。在他的珠宝设计中，大量运用自然的图案装饰，其中植物和昆虫图案最为常见，并且被处理成怪异的形式。此外，他对材料的选择也极富想象力，包括仿宝石、彩金、搪瓷、不规则珍珠和半透明角。女人形象是拉力克爱用的另一个设计主题。珠宝上的女人形象刻划细腻，栩栩如生。如

1895 年他向法国艺术家沙龙送交的展品中，有一件特别迷人的蜻蜓珠宝，他在这件异乎寻常的胸针中加入了一个全裸女人体作为装饰。这是第一件采用女裸体装饰的新艺术珠宝，很快成为欧洲其他国家设计师模仿的对象。

至于赫克托·吉玛德（Hector Guimard，1867—1942）的作品，则体现了法国新艺术建筑的最高成就。他最重要的设计是为巴黎地下铁道系统设计的一系列出入口，共有 100 多个，这些建筑结构基本上采用青铜和其他金属铸造而成。他突出自然主义的特点，模仿植物的结构来设计，这些出入口的顶棚和栏杆都模仿植物的形状，特别是扭曲的树木枝干、缠绕的藤蔓，顶棚有意采用海贝的形状来处理，令人叫绝！入口、栏杆、标牌、支柱和电灯构成了一幅和谐的有机体和形状抽象的混合景观。

建筑外景
黎贝朗榭公寓的入口，贝朗榭公寓是吉玛德 23 岁时的作品，其时他虽年轻，但作品已经非常成熟。设计这座公寓时，他所用的材质和构思都很特别，包括陶土、红砖、白色石头以及绿色铁栏杆等，并且在许多细节上受到新哥特主义神秘风格的影响，使用了很多诸如鬼神头像等古怪的装饰。1898 年，贝朗榭公寓外墙还被巴黎市授予"最美外墙"奖。

建筑外观
由凡·德·维尔德于 1895 年设计，位于比利时布鲁塞尔。

两雄盘踞比利时

比利时的新艺术风格深受法国的影响，其主要的设计组织有 1884 年成立的"二十人小组"和后来从它发展而来的"自由美学社"。重要的代表人物有亨利·凡·德·维尔德（Henry Van De Velde，1863—1957）和维克多·霍塔（Victor Horta，1861—1947）。

凡·德·维尔德堪称 19 世纪末 20 世纪初比利时最为杰出的设计师、设计理论家和建筑家，他是比利时新艺术风格的主要代表，也是德国青年风格运动乃至欧洲新艺术风格的核心人物之一。他对于机械的肯定，有关设计原则的理论，以及他的设计实践，都使他成为现代设计最重要的奠基人之一。他于 1906 年在德国魏玛建立的一所工艺美术学校，成为初期德国现代设计教育的中心，日后又发展为世界著名的包豪斯设计学院。维尔德在比利时期间，一方面从事新艺术风格的家具、室内、染织品设计和平面设计，另一方面，他也是"二十人小组"和"自由美学社"的主要领导人。

室内场景（对页图）
霍塔1893年设计的塔塞尔饭店门厅，位于布鲁塞尔。该作品因为被视作建筑史上第一次采用新艺术风格的设计而成为经典，也是新艺术运动进入第二阶段的标志。

　　霍塔则是一位激进的民主主义者，主要从事建筑及室内设计，他的作品有两个明显的特征：一是注重装饰，受自然植物启发的"鞭绳"线条到处可见，在墙面装饰、门和楼梯中十分突出；二是建筑的暴露式钢铁结构和玻璃面。塔塞尔饭店是他早期的代表作之一，该建筑设计的基础是叶、枝、涡卷精细图案构成的起伏运动。室内遵循华丽的新艺术设计理念，门厅和楼梯带有彩色玻璃窗和马赛克瓷砖地板，饰有盘旋缠绕的线条图案，与熟铁栏杆的盘绕图案、柱子和柱头、脊突拱廊以及楼梯圆形轮廓相呼应，整体和谐统一。而霍塔公寓则是他设计生涯的巅峰之作，堪称新艺术建筑的里程碑，现被辟为霍塔博物馆。

疯子天才

　　高迪（Antoni Gaudi i Cornet，1852—1926）无疑是西班牙新艺术风格的最重要代表，他是一位具有独特风格的建筑师和设计家。他出身卑微，是一名普通手艺铜匠的儿子，他的一生被肺炎折磨，从小就沉默寡言。17岁开始在巴塞罗纳学建筑，其设计灵感大多来自他广泛阅读的书籍。他的作品早期具有强烈的阿拉伯摩尔风格特征，在这个阶段，他的设计不单纯复古，而是采用折衷处理，把各种材料混合利用。从中年开始，他的设计糅合了哥特式风格的特征，并将新艺术风格的有机形态、曲线风格发展到了极致，同时又赋予建筑一种神秘而传奇的隐喻色彩，在其看似漫不经心的设计中表达出复杂的感情。高迪最富有创造性的设计是巴特略公寓，该公寓的外形充满了象征海洋的细节，整个大楼充满了革

新意味。稍后他设计的米拉公寓进一步延续了巴特略公寓的形态，建筑物的正面被处理成一系列水平起伏的线条，使得多层建筑的高垂感与其表面相映生辉，公寓不仅外部呈波浪形，内部也没有直角，包括家具在内，都尽量避免采用直线和平面。由于跨度不同，他使用的抛物线拱产生出不同高度的屋顶，形成无比惊人的屋顶景观，整座建筑好像一个融化时的冰淇淋。米拉公寓由于风格极端，曾引起巴塞罗那市民的指责，报纸也以各种诨名来攻击这个设计，但它于 1984 年被联合国评为了世界文化遗产。

和正统艺术分道扬镳

奥地利的新艺术风格运动是由维也纳分离派发起的。维也纳分离派是一个由一群先锋艺术家、建筑师和设计师组成的团体，成立于 1897 年，最初称为"奥地利美术协会"。他们标榜与传统和正统艺术分道扬镳，故自称"分离派"。其口号是"为时代的艺术，为艺术的自由"。

奥托·瓦格纳(Otto Wangner , 1841—1918)是奥地利新艺术的倡导者，

建筑外景（对页图）
高迪在米拉公寓房顶建造了这些拥有完美曲线的烟道，它们有的像全副盔甲的战士，有的像神话中的怪兽。

建筑外景（右图）
瓦格纳于 1898 年设计的卡尔广场火车站，位于维也纳，完全对称的格局、向日葵纹样和曲线铁艺，无不表达了新艺术运动的精神。

他早期从事建筑设计，并发展形成了自己的学说。他最早推崇古典主义，后来受工业技术的影响，逐渐形成自己的新观点。其学说集中地反映在1895年出版的《现代建筑》一书中。他指出新结构和新材料必然导致新的设计形式的出现，建筑领域的复古主义样式是极其荒谬的，设计是为现代人服务，而不是因古典复兴而产生的。他对未来建筑的预测非常激进，认为未来建筑"像在古代流行的横线条，平如桌面的屋顶，极为简洁而有力的结构和材料"，这些观点非常类似于后来以包豪斯为代表的现代主义建筑观点。他甚至还认为现代建筑的核心是交通或者交流系统的设计，因为建筑是人类居住、工作和沟通的场所，而不仅是一个空洞的环绕空间，装饰也该为此服务。建于1899年的马略尔卡公寓堪称瓦格纳的代表作之一，整个大楼外表装饰十分豪华，马略尔卡彩砖和简洁的纵横方格形成鲜明对比。但是只有他晚期的作品，才真正体现出维

家具
奥地利设计师科洛曼·莫瑟于1903年设计的作品，包含了椅子和桌子等。采用橡木和红木的混合材质，局部饰以铜质部件。

建筑外景
霍夫曼设计的斯托克莱宫，位于比利时布鲁塞尔，建于1905—1911年。图中为斯托克莱宫塔顶，建筑细节部分有精致的浮雕和立体雕塑装饰。

也纳新艺术的独特风貌，它们摈弃了一切多余的装饰，如建于1897年的维也纳分离派总部，建筑充分采用简单的几何形体，特别是方形，加上少数表面的植物纹样装饰，使其功能和装饰高度吻合，与外型奇特的高迪设计建筑形成鲜明对照。

约瑟夫·奥布里希（Joseph Olbrich，1867—1908）和约瑟夫·霍夫曼(Joseph Hoffmann，1870—1956)是瓦格纳的学生，他们继承了瓦格纳的建筑新观念。奥布里希为维也纳分离派举行年展设计的分离派之屋，以其几何形的结构和极少数的装饰概括了分离派的基本特征。交替的立方体和球体构成了建筑物的主旋律，如同纪念碑一般简洁。

与奥布里希相比，霍夫曼在新艺术风格中取得的成就更大，甚至超过了他的老师瓦格纳。他于1903年发起成立了维也纳生产同盟，这是一个近似于英国工艺美术运动时期莫里斯设计事务所的手工艺工厂，在生产家具、金属制品和装饰品的同时，还出版了杂志《神圣》，宣传自己的设计和艺术思想。霍夫曼一生在建筑设计、平面设计、家具设计、室内设计、金属器皿设计方面获得了巨大的成就。他的建筑设计十分突出装饰的简洁性。他偏爱方形和立体形，所以在他的许多室内设计，如墙壁、隔板、窗子、地毯和家具中，家具本身被处理成岩石般的立体。在他的单品设计中，图形的形体如螺旋体和黑白方形的重复十分醒目，其装饰手法的基本要素是并置的几何形状、直线条和黑白对比色调，这种黑白方格图形的装饰手法甚至成为他的标志，故而他有"方格霍夫曼"的雅称。

　　画家出身的古斯塔夫·克里姆特（Gustav Klimt，1862—1918）是"维也纳分离派"中另一个重要的艺术家，他在绘画风格上同样采用大量简单的几何图形为基本构图，采用非常绚丽的金属色，如金色、银色、古铜色，加上其他明快的颜色，创造出装饰性很强的绘画作品，在当时的画坛引起很大震动。他为建筑设计的壁画，采用陶瓷镶嵌技术，利用其娴熟的绘画技巧，为设计增添了许多魅力。

画作
克里姆特于1905—1909年创作的壁画作品《等待》，高193.5厘米，宽115厘米，现藏于维也纳的奥地利博物馆。

画作

克里姆特于 1907 年创作的《阿黛勒·布洛赫－鲍尔的肖像》，采用布面上金银工艺。1903 年，路途中的克里姆特受到教堂中马赛克镶嵌画的启示，并在其作品中开始大量采用金色耀眼的装饰手法，后世将这类作品称为克里姆特的拜占庭风格或者金色风格。这幅肖像就是这一风格的作品。

苏格兰的直线

英国的新艺术运动主要在苏格兰，因此它在英国的影响远远不及工艺美术风格。在这场影响有限的设计运动中，取得较大成就的是格拉斯哥四人团。在 19 世纪 90 年代至 20 世纪初，格拉斯哥四人团在建筑、室内、家具、玻璃和金属器皿等的设计方面形成了独一无二的苏格兰新艺术风格，作品表现柔软的曲线和坚硬高雅的竖线交替运动，被设计史界称作"直线风格"。麦金托什不仅是"格拉斯哥四人团"的领袖人物，而且其设计集中地体现了"直线风格"。他的设计领域非常广泛，涉及到建筑、家具、室内、灯具、玻璃器皿、地毯、壁挂等，同时，他在绘画艺术方面的造诣甚高。他的设计风格的形成，在很大程度上受到日本浮世绘的影响。从他很小的时候起，他就对日本浮世绘线条的使用非常感兴趣，特别是日本传统艺术中简单的直线，利用不同的编排和布局，取得非常富有装饰性的效果。当然他的设计风格也源于英国的工艺美术运动，

室内场景（对页图）
麦金托什设计的格拉斯哥艺术学校的艺术图书馆。

家具（右图）
麦金托什于 1904 年设计的椅子组合造型，采用黑漆橡木，辅以马毛织品椅垫等。完美体现了他的直线风格。

特别是以威廉·莫里斯、约翰·拉斯金等人为首的各种实践的发展；另外还有欧洲其他国家的新艺术运动，特别是被视为现代主义前奏的一些人物，如维也纳分离派运动等的影响。

麦金托什作为一个全面、杰出的设计大师，他在建筑设计方面的成就尤大。他早期的建筑设计一方面受到英国传统建筑的影响，而另一方面则倾向于采用简单的纵横直线。他最成功的作品是格拉斯哥艺术学校的一些建筑，其设计采用简单的立体几何形式，内部稍加装饰，非常富有立体主义精神。室内大量采用木料结构，构成简单的几何形式，内外协调，形成了统一的风格。他还统一设计了建筑内部的家具和用品，家具采用原色，注重纵向线条的运用，利用直线搭配进行装饰，尽管避免过多的装饰。如格拉斯哥艺术学院图书馆的设计，没有流畅的装饰线条，抽象而富有力量的几何造型，给人的印象如同采用抽象形式合奏的复调音乐。又如1902年他为希尔大楼所设计的室内，其简洁的立体图形与地板的同类图形相呼应，并且这种基调被延伸到长方形门框、天花板、墙板和几何形灯具上，简洁的格子形主宰了室内，形成简洁而空旷的整体效果。他的家具设计，像椅子、柜子、床等都别具特色，特别是他设计的靠背椅，采用黑色高直背的造型，完全摆脱了传统形式的束缚，也超越了对任何自然形态的模仿，非常夸张。

1901—1910

新生活、新原则：
爱德华风格

公寓的兴起

漫长而精彩的维多利亚（Victoria，1837年至1901年在位）时代之后，英国进入了20世纪，也进入了爱德华七世（Edward VII，1901年至1910年在位）时代。在建筑史上，这个时期也许很短暂，但艺术风格却精彩纷呈。维多利亚时期的价值和传统没有随1901年女王的去世而走向终结，而是在爱德华时期得到延续，并一直持续到第一次世界大战。

爱德华时期是伦敦大量兴建公寓的年代。在此之前，即19世纪晚期，伦敦人和其他英国城市的居民都愿意住在联排或独立的别墅中，尽管这些住宅有高而窄的缺憾；而与此同时，在巴黎和其他欧陆城市中，公寓住所已普及多年了。是电梯和给排水系统的发展使得公寓住所成

为可能，并且公寓能提供中央供暖和 24 小时热水服务，还能干净地处理污水管线。

公寓很快作为一种便利、安全、经济的居住方式被接受，许多富人在乡村拥有别墅的同时，还在城市里拥有公寓。许多条件优越的公寓还可以提供临时独立卧室，并像高级旅馆一样有公共休息室和餐厅。在经济和交通发展的情况下，这种"单身公寓"的需求量十分可观。

到 1900 年止，所谓的建筑风格之争或多或少地缓和了，折衷主义被广泛接受。居住的舒适与否变得比风格的归属更为重要。城里最受欢迎的居住建筑形式是简化的巴洛克式——"荷兰风格"和安妮女王风格的混用，外墙多用红砖白石装饰。时髦的法国路易风格也颇受欢迎，特别是公寓的室内装修，更是跟随着巴黎的流行趋势。

在乡村，地方传统和流行趋势同时成为设计元素。此外，兴起于 19 世纪中后期的艺术与手工艺运动、新艺术运动和东方元素也很受欢迎，

建筑外景（对页图）
门周边多用石材或赤陶装饰。多数一般住宅的门是用上漆木材批量生产的。

建筑外景（右图）
公寓大楼在爱德华时期变得流行起来，这个位于伦敦的酒吧入口曾是爱德华时期建造的公寓大楼的入口。

其中新艺术运动的影响尤其大，房屋的风格不再非常对称，装饰也开始多样化，包括花朵、植物、动物和其他自然景观等。屋顶的材料开始改用瓦片，此外还有装饰性的山墙和窗户等。爱德华时期的建筑外都种有大量植物。

1911 年，恩斯特·威尔摩特（Ernest Willmott，1871—1916）在他的著作《英国住宅设计》中，总结了过去十年已建成的最佳住宅标准，他所依据的是他对住宅设计提出的一系列目标原则，如舒适、比例、尺度、韵律、节奏、色彩、肌理。爱德华时期最好的住宅在这些方面都处理得颇为得体。另外有一个叫沃尔特·肖·斯帕诺（Walter Shaw Sparrow，1862—1940）的作者，他于 1909 年出版了《我们的家居及如何使其更美好》一书，提出建筑师应遵循三条基本原则：一、运用常识，自由地使用最好的传统形式，无论是哥特式还是古典式；二、打破从 16—18

室内场景
护墙板和壁炉的设计表现了爱德华时代的气派和高贵。

室内场景
英国家庭中，藏书室非
常普及。这个空间兼具
了书房和客厅的功能。

世纪逐渐形成的繁琐平面样式，它们将家居划分得七零八碎。三、在满
足基本的舒适性和私密性的前提下，尽量做到经济现代化。

　　一般中等规模的爱德华时期的住宅，是在适应当时社会观念的情况
下进行设计的，家庭用房包括客厅、餐厅（一般用橡木嵌板装饰）、弹
子房和暖房，图书室、学习室和吸烟室一般合成一间多用途的男性专用
房间；楼上有一个或两个卫生间；如果房子足够大，就能够容纳仆人用
房，它们一般被安置在厨房附近或阁楼上。

金属窗框"崭露头角"

　　爱德华时期的前门比维多利亚时期少了一些庄重，也有安妮女王复
兴风格的影子。在大型建筑中，门多由柚木或未经处理的橡木做成，周
边用石材或赤陶装饰。对于多数朴素的住宅而言，门一般用上漆软木批
量生产，油漆的颜色也不再局限于维多利亚时期最常用的绿色，嵌板上

一般饰有可以产生光影效果的凸出装饰物。位于乡村的别墅等住宅，其门的顶部多安装有玻璃嵌板来增加室内采光；在带有安妮女王风格的门上，这个嵌板玻璃多为平整的矩形玻璃，而新艺术运动风格的门上则多为有抽象图案的彩色玻璃。电铃已被广泛接受，但门环也依然不乏使用者。为了区别联排式住宅不同的住户，其门廊富有识别功能，细木工匠往往以托架或浮雕来区分不同住户。较大住宅的门廊一般为石制。户内的门更多地保持了传统风格，它们可以是用抛光硬木制造、带有铁件装饰的门，或者是不算太贵的上漆软木制品。

新的生产方法使铁框窗能与传统木窗一争长短。窗扉的标准铁制轮廓架是成批生产的，它们能够直接插入预留的砖、石缝中，或者插入木制框内。高级住宅则多以黄铜和青铜做窗，它们既无需上漆，又可保持奢华。但这个时期的许多建筑却仍喜欢安装传统的木框格窗，风格上倾向安妮女王风格，顶部框格经常镶着分成小块的玻璃。凸窗仍然是联排式住宅常用的样式。在楼梯间和楼梯平台处的窗大多装有玻璃，窗框架的油漆通常是一种能与窗台色彩形成对比的颜色，较常见的是使用绿色和奶油色的搭配。

样式大杂烩

爱德华时期的室内墙面经常是若干种历史风格的联合展示，最普遍的是乔治风格、亚当风格垂花饰，早期乔治风格的线脚和摄政风格的墙纸。富人和希望在有限空间中创造华丽效果的公寓主人都很青睐法兰西古典主义风格。随着可快速凝结的涂墙灰泥的引入，业主自己完成室内

室内场景（对页图）
爱德华时期的室内装饰，突出表现建筑元素，并强调浓重的线脚、大量的涡卷或线性的细部，让装饰与建筑细节统一起来，从而达到整体的效果。

装修变得容易了。墙纸的品质大幅改善，并且每季度都有新品推出，使用墙纸变成一种时尚。有凹凸肌理的墙纸很受欢迎，也有一些便宜并能上漆的产品。不同的材料经常被混合使用：墙纸也可以与涂白色漆的松木或以枞木材质的嵌条为支架的帆布壁挂共同使用。橡木或胡桃木制成的嵌板多用于高级住宅，流行都铎风格或乔治风格的图案。

与维多利亚时期相比，爱德华时期的天花板变得更低，整体也更平坦，檐口不再被认为是必不可少的了。天花板的处理受到都铎风格的影响，如外露的橡木梁、石膏填物和拉毛粉饰浅浮雕等。很多廉价的材料可以批量生产，如压缩纸制品和帆布制品。都铎风格、乔治风格和亚当风格的产品都很受欢迎。抛光橡木制成的凸出嵌线线脚经常在较大的平石膏天花嵌板中使用。白地浅银灰色图案的天花板贴纸也显得很有格调，图案多为各个方向重复的平滑条纹图样。照明装置则以简洁的电灯代替了以往过多的装饰。

可拼装的木地板是最受欢迎的家居地板装饰材料，上蜡或抛光的橡木或柚木地板多用于高级住宅中。而松木地板则更大众化，它们可用清漆染色后布置在地毯周边（满铺的地毯多用于高级住宅和豪华房间）。镶木地板也常用于豪华房间。好的镶木地板有 2.5 厘米厚，相对来说，用于乡村住宅的则薄得多，且可直接铺设在现有地板上。铺木地板多用于厨房、走道和郊区住宅的起居室中，它不用任何粘合剂，直接铺在沥青覆盖的水泥地板上即可，图案多为人字形，上清漆或采用抛光处理。入口门厅处多使用红色石制地砖，别致的形状，如六边形等十分流行。15 厘米见方的地砖多铺在厨房中。浴室地板多用黑白相间的格子图案，高级住宅中则会使用大理石。

室内场景（对页图）
爱德华时期，浴室地面用黑白镶拼的地砖装饰较为普遍。

室内场景
一个适合休憩的起居室，壁炉也是该时代的典型样式。

熠熠生辉的炉火

　　壁炉在这个时期很受关注，并实现了更高效率和更低能耗，减缓燃烧的技术也在不断进步，耐火砖制石的贴面板呈八字形布置在壁炉两侧，以利于房间供暖。八字形的侧板可以减小壁炉尺寸，也可减少燃料的消耗。壁炉通常直接对户外通风。在乡村，柴架和燃木区也很普遍，因相对较大的空间足够容纳备用的圆木。炉边地带布置得都很舒适，很多家庭环绕壁炉放一些椅子或沙发。壁炉架有多种形式，最常见的是炉栅式，并且比维多利亚时期更为优雅。简单的单色金属炉架很受欢迎。壁炉架上常有一些小搁板来放置装饰品和书籍。源于新艺术运动风格的设计有很大的自由度，而安妮女王风格和乔治风格则严格遵循原有形式。古典的木制壁炉经常用漆成白色或绿色的松木制成。

在爱德华时期，很多炉灶开始使用瓷砖贴面，使用较多的是黑色瓷砖，搪瓷饰面也颇为流行，这使得清洁工作更容易完成。煤气炉灶也很快发展起来，可以按季从本地煤气公司租用炉具。炉具外观紧凑，一般上部是烤肉架，下部是灶具，与今天的标准设计很相似。

嵌入式家具因其节省空间而在公寓住所中大受欢迎。在公寓住宅的卧室和化妆室中，嵌入式家具往往有更宽大的尺度，在天花板不高的房间，橱柜通高到顶，还可避免顶部积灰；而在层高很高的房间中则很少这样做，顶部装木搁板的也很少，普遍选择齐肩的高度。抽屉通常是嵌入式的，一般上面是橱柜，整体效果可与包墙的嵌板相协调。嵌入式的化妆间是最受青睐的，因为很多人认为在存放衣物、鞋子的空间里睡眠是不卫生的。橱柜可能会插一些开放式的装饰性搁板，小公寓中的卧室有时会放置由衣橱、化妆台和盥洗架组成的组合家具。图书室经常配有装着玻璃门的可调节搁物板。餐厅和客厅壁炉两侧则多做成嵌入式橱柜或安装开放式搁板用以装饰。在公寓里甚至有亚麻布围起的衣橱。厨房

室内场景
壁炉外部墙壁用彩绘来装饰，显得生动而富有艺术感。

里的橱柜多为低于灶台高度的封闭嵌板橱柜，而在高处多安装镶有玻璃的浅色橱柜。

沐浴装置及电灯的普及

楼梯与维多利亚时期相比对舒适的需求增加了，即使在联排住宅中也不例外。联排住宅的客厅通道和前厅之间常修建拱券，这样就可以得到舒适的入口门厅。在较大的住宅中，楼梯与门厅是室内装饰最容易出效果的部分。在一般的住宅中，楼梯连接部分的细部与维多利亚晚期相差无几，很多受艺术与手工艺运动影响的住宅设计更喜爱用间距很小的简洁细栏杆装饰楼梯。中产阶级的住宅中，主妇一般仍需自己做清扫工作，这对设计也产生了微妙的影响，原来需每周擦洗的铜制楼梯栏杆，如今大多变成更易维护的橡木制品了。

到 20 世纪初，浴室，至少浴盆，已在新住宅中得到普及。在工薪阶层的住所中，浴盆大多放在厨房和锅炉附近，有时藏在地板下，多用活动板门分隔。有些家庭平时将浴盆放在橱柜中，需要用时再取出来。而大多数中产阶级住宅有舒适的浴室，并有单独分隔开的抽水马桶。这一时期的热水供应系统也得到发展，独立家用锅炉可以为洗浴和家务使用提供足够的热水，有的还包括热水循环系统，可为居室供热。卫生已受到普遍关注，将浴盆围在木制嵌板里被认为是不卫生的措施。陶瓷浴盆大受欢迎，但它还是过于沉重和昂贵。铸铁浴盆多有腿支撑（爪形支架），便于底部清洁。浴室帘幕被认为是藏污纳垢之地，因而更多的浴室安装毛玻璃面而不再使用帘幕。

室内场景（对页图）
用铜做成的浴缸非常豪华，但在爱德华时代只是属于富有阶级的特权。

电灯在爱德华时期得到快速发展，到1910年，已有将近5%的家庭使用电灯，所有大城市都有公共供电设施，电价则因地而异。很多农村地区的贫困家庭仍使用油灯和蜡烛照明；尽管煤气灯发出的油烟很不卫生，但在城市仍被广泛应用。电力的使用为灯具设计提供了更大的自由度，艺术与手工艺运动影响下产生的想法也在一定范围内受到青睐，许多人喜欢模拟蜡烛做成的烛台式灯具。为制造餐厅气氛，蜡烛仍然是广泛使用的照明工具。有玻璃灯罩的小吊灯在卧室和走廊十分流行，枝形吊灯、精致烛台和一般灯具多用于客厅、图书室和吸烟室。

在爱德华时期，铸铁产品市场逐渐繁荣。严格的拘泥于维多利亚风格的产品逐渐被那些带有法国路易十五、路易十六风格和新艺术运动风格的产品所代替，同时许多铁件的设计也反映了乔治风格的回归。这个时期有许多精美的铸铁制品在20世纪40年代"为战争服务"的名目下被毁了。

室内场景

在爱德华风格的空间中，铸铁产品被大量使用，在图中就有铸铁的楼梯栅栏以及铸铁吊灯。

1910—1935
娇艳欲滴的华美篇章：
装饰艺术风格

对机械生产的肯定

　　西方艺术史上的所谓"装饰艺术"（Art Deco）已成为专有名词。它首次出现于 1925 年在巴黎举行的世界博览会及国际装饰艺术及现代工艺博览会，但直到 20 世纪 60 年代，才得到艺术设计界的重点评估，并被广泛使用。追溯其实践时期，它其实并没有统一的模式或严格的设计团队，因此它被认为是折衷的，受到各种艺术设计资源的影响，有许多的艺术设计样式或风格都被归入其名下。

　　装饰艺术运动演变自 19 世纪末的新艺术运动，从 1910 年前后开始，一直发展到 1935 年前后，是 20 世纪延续时间比较长的一个设计运动。20 世纪初，工业革命的余温挥散不去，仍留恋手工艺生产的新艺术设

饰品

罗马尼亚装饰艺术雕塑家季米特里·哈拉兰布·希帕鲁斯约 1930 年的作品《舞者》，希帕鲁斯的青铜作品紧密联系当时的时尚，成为后世了解当时社会的一面镜子。

计运动已不能满足普遍的机械化生产的要求。以法国为首的各国设计师，纷纷站在新的高度肯定机械生产，对采用新材料、新技术的现代建筑和各种工业产品的形式美和装饰美进行新的探索，其涉及的范围主要包括建筑、家具、陶瓷、玻璃、纺织、服装、首饰、海报、书籍插图、绘画、雕塑等方面（法国在建筑上比较少），力求在维护机械化生产的前提下，使工业产品更加美化。它结合了因工业文化所兴起的机械美学，以较机械式、几何、纯粹装饰的线条来表现，如扇形辐射状的太阳光、齿轮或流线型线条、对称简洁的几何构图等，并以明亮且对比强烈的颜色来彩绘，例如亮丽的红色、鲜艳的粉红色、电光效果的蓝色、警报器般的黄色，到探戈的橘色及带有金属味的金色、银白色和古铜色等。同时，随着欧美资本主义的向外扩张，远东、中东、古希腊罗马、埃及与玛雅等古老文化的物品或图腾，也都成了装饰艺术运动的素材来源，此外还有埃及古墓的陪葬品、非洲木雕、希腊建筑的古典柱式等。装饰艺术虽然形式多样，但仍具有统一风格，如注重表现材料的质感与光泽；在造型设计中多采用几何形状或用折线进行装饰；在色彩设计中强调运用鲜艳的纯色、对比色和金属色，造成强烈、华美的视觉印象。

始于法国，璀璨于美国

作为装饰艺术风格的发源地和中心，法国巴黎受到新兴的现代派美术、俄国芭蕾舞的舞台美术、汽车工业及大众文化等多方面影响，尤其服饰与首饰设计获得很大发展，平面设计中的海报和广告设计也达到很

饰品
这款蒂梵尼公司设计的台钟高12.7厘米。采用了银、玉石、水晶、黑玛瑙等名贵材料，采用源自中国的景泰蓝工艺的恰丝珐琅工艺，而钟面上的时间刻度则完全采用中文数字。

高水平。但由于遭受第一次世界大战的蹂躏，法国属于装饰艺术风格的建筑非常少，只有美国才是装饰艺术在建筑领域的舞台。

在美国，装饰艺术运动受到百老汇歌舞、爵士音乐、好莱坞电影等大众文化的影响，同时受到蓬勃发展的汽车工业和浓厚的商业氛围的影响，形成了独具特色的美国装饰艺术风格和追求形式表现的商业设计风格。它们从纽约开始，逐渐从东海岸扩展到西海岸，并衍生出好莱坞风格，尤其在建筑、室内、家具、装饰绘画等方面表现突出，出现了适合美国通俗文化的所谓加利福尼亚装饰艺术风格，也出现了特别为电影院设计发展出来的好莱坞风格。在其他地方，如佛罗里达的迈阿密地区，这场运动又呈现出独特的变化，设计的作品形式温和，色彩浪漫。

家具
美国装饰艺术运动家具设计师保罗·弗兰克常用红色和黑色的油漆作为家具创作的着色，鲜明的颜色对比，以及摩天大楼的造型充满了都市气息。

建筑外景

美国内布拉斯加州议会大厦的大门厚达 10 厘米，美国雕塑家李·劳里在大门上方的浮雕中表现了原住民先驱者的迁移景象，这一作品也堪称装饰艺术风格的典范。

在建筑方面，纽约是装饰艺术运动的主要试验场所，重要的建筑物包括克莱斯勒大厦、帝国大厦、洛克菲勒中心大厦等，其室内设计豪华而现代，包括大量的壁画、漆器装饰、强烈而绚丽的色彩和金属装饰，把法国雕琢味道很浓的感觉往极端方向发展，变得非常美国化。其中的克莱斯勒大厦由美国建筑师威廉·艾伦（William Van Alen，1883—1954）设计。总计 77 层，高 319 米的克莱斯勒大厦坐落于纽约市中心，被视为装饰艺术风格在摩天大楼上的完美演绎。整栋大楼采用钢结构设计，传统的哥特式尖塔和怪兽装饰经过艾伦的设计处理后焕发出全新的现代气息。大厦立面抛弃了繁复的装饰，大量使用重复、对比手法，间或点缀一些简单而富有象征意味的几何图形。

在内部设计和装饰上，克莱斯勒大厦更是处处体现了新思潮对于艾伦的影响，大厅内墙镶嵌各色大理石，而安装在八角柱上的透视光源在满足照明功用的基础上更多地起到了装饰作用，打破了厅内墙、柱、门、窗等各种实体构成的单调格局，形成了强烈的虚实对比，这一新颖设计思路的运用以及大厅内各种实体立面华丽的色彩装饰，使整个大厅更显气派。克莱斯勒大厦建成后，其设计上运用的现代手法为当时的建筑师

室内场景
克莱斯勒大厦内部的入口大厅。

建筑外景

坐落于纽约市中心的克莱斯勒大厦，被视为装饰艺术风格在摩天大楼上的完美演绎。

建筑外景

落水山庄由美国设计师弗兰克·赖特于 1935—1939 年设计建造，位于宾夕法尼亚州，其居所建于瀑布之上，房间与室外平台及道路相互交织，错落有致，与自然景色融于一体。

们打开了新的设计思路，在数十年间一直是纽约市的地标性建筑。而在大多数当代建筑师眼中，克莱斯勒大厦依然是纽约市最完美的装饰。

而位于美国宾夕法尼亚州的落水山庄也是装饰艺术风格住宅的设计典范，该住宅由美国设计师弗兰克·赖特（Frank Lloyd Wright，1867—1959）设计，建造于1935—1939年。赖特出人意料地将房子架在了瀑布之上，建筑的外形显得自然、随意、舒展，主要房间与室外的阳台、平台以及道路相互交织在一起，错落有致，与周围自然景色相融合。

反哺欧洲

美国装饰艺术风格的发展有其地域性和经济发展的背景，到20世纪30年代，这种风格反哺至欧洲。在英国，装饰艺术风格在建筑和室内设计上都有相当的建树，不论私人住宅设计或公众建筑设计，都有在建筑和室内设计上采用简单强烈的色彩和金属色作为装饰的趋向。在某些私人住宅设计上，这种方式还与富于想象的一些装饰动机结合，如1930年雷蒙·麦格拉斯（Raymond McGrath）设计的位于剑桥的芬涅拉住宅，他利用各种特殊的几何图形、金色金属和大量的镜子造成了奇特

室内装饰
英国设计师沃尔特·吉尔伯特于1933年设计的建筑中楣饰板，浇铸铝并绘色。其画面格调和线条都不同于前两次艺术风潮（艺术手工艺运动和新艺术运动），展现更多对称的效果和工业化般的现代构图。现藏于英国维多利亚和阿尔伯特博物馆。

的效果。英国装饰艺术风格最主要的成果表现在大型公共场所的室内设计上，如伦敦的克拉里奇酒店，大批独立设计人员参加了这个庞大的项目设计。酒店采用了强有力的简单几何造型，以罕见的黑色与米白色为地毯的基本色，墙壁以大面积的镜子装饰，令空间显得高大而宽敞，镜子则用蚀刻手法以植物纹样装饰。旅馆的各个客房、餐厅和其他部分，包括家具、灯具等，都体现了英国装饰艺术的统一风格。室内大量采用大理石，以曲线表现，更加强了这种风格的特征。30年代，伦敦的另一个重要装饰艺术作品是奥里维·伯纳德（Oliver P. Bernard）为斯特兰宫殿大酒店所进行的室内装修，该作品集中了英国装饰艺术运动的精华，具有非常典型的特征。内部大量采用了镜子和玻璃壁板，广泛运用了典型的装饰艺术风格图案，如曲折线、闪电图案、放射形图案、扇形图案等，还有大量古埃及风格的装饰人体图案，摆设了一些巨大的黑色装饰陶罐。酒店大厅也设计得非常辉煌，墙面采用银色树叶图案装饰，加上金色辅件和漆器的点缀，更显得鲜艳夺目。

衔接的纽带

　　装饰艺术风格影响较广，远东都市上海就有诸多典型的装饰艺术风格的建筑和室内设计留存至今。它之所以如此普及，原因之一是其本身的折衷立场，为大批量生产和各种设计手法提供了可能性。相对来说，新艺术风格则因为强调手工和精致的曲线纹样或非几何形态，其产品不能大批量机械生产而阻碍了其在全世界的流通。

　　装饰艺术风格是一种承上启下的风格，它既对艺术与手工艺风格、新艺术风格的自然装饰、中世纪复古表示反对，又对于单调的工业化风格加以批评。因此，虽然在装饰趋向上与前两个风格有相似之处，但是从承认工业化的角度来看，已很难说是它们的延续了；又由于强调装饰化，因此与同期开始在德国发起的现代主义风格也具有很大的区别。它是新艺术风格和现代主义风格之间的一场衔接，双方的特征都兼而有之，但却不是简单的重复或再现。而装饰艺术风格中表现出的东西方艺术样式的结合、人情味与机械美的结合等内涵，在 20 世纪 80 年代重新受到了后现代主义设计师的重视。

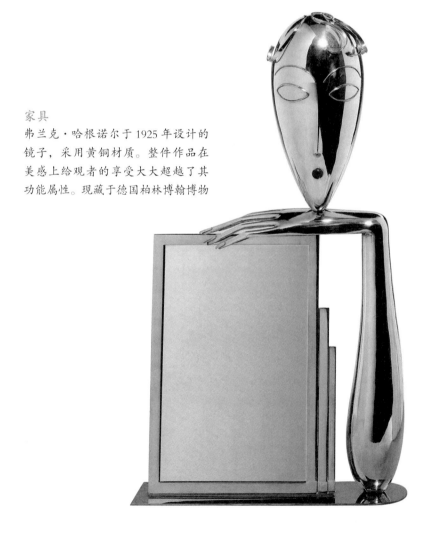

家具
弗兰克·哈根诺尔于 1925 年设计的镜子，采用黄铜材质。整件作品在美感上给观者的享受大大超越了其功能属性。现藏于德国柏林博翰博物

图书在版编目 (CIP) 数据

狂潮席卷：伟大的建筑及室内设计风格 ／ XINAN
STUDIO 编 . —— 上海 ：上海科学技术文献出版社，2021
（口袋博物馆系列）
ISBN 978-7-5439-8291-8

Ⅰ . ①狂 ⋯ Ⅱ . ① X ⋯ Ⅲ . ①建筑设计 – 作品集 – 世
界②室内装饰设计 – 作品集 – 世界 Ⅳ . ① TU2

中国版本图书馆 CIP 数据核字 (2021) 第 045735 号

责任编辑：苏密娅
装帧设计：pocketstudio

狂潮席卷：伟大的建筑及室内设计风格
XINAN STUDIO 编著

出版发行：上海科学技术文献出版社
地　　址：上海市长乐路 746 号
邮政编码：200040
经　　销：全国新华书店
印　　刷：上海万卷印刷股份有限公司
开　　本：787x1092 1/16
印　　张：20
字　　数：102 000
版　　次：2021 年 4 月第 1 版　2021 年 4 月第 1 次印刷
书　　号：ISBN 978-7-5439-8291-8
定　　价：168.00 元
http://www.sstlp.com